U0855781

全新修订

3岁前，好妈妈一定要懂的育儿心理

木 紫／编著

3SUIQIAN HAOMAMA YIDING YAO DONGDE
YUER XINLI

中国妇女出版社

图书在版编目（CIP）数据

3岁前，好妈妈一定要懂的育儿心理 / 木紫编著．--修订本．--北京：中国妇女出版社，2016.2

ISBN 978-7-5127-1224-9

Ⅰ.①3…　Ⅱ.①木…　Ⅲ.①婴幼儿心理学　Ⅳ.①B844.11

中国版本图书馆CIP数据核字（2015）第285623号

3岁前，好妈妈一定要懂的育儿心理

作　　者：木　紫　编著
责任编辑：万立正
装帧设计：吴晓莉
责任印制：王卫东
出版发行：中国妇女出版社
地　　址：北京市东城区史家胡同甲24号　　邮政编码：100010
电　　话：(010) 65133160（发行部）　　65133161（邮购）
法律顾问：北京天达共和律师事务所
经　　销：各地新华书店
印　　刷：北京通州皇家印刷厂
开　　本：170×240　1/16
印　　张：15
字　　数：220千字
版　　次：2016年2月第1版
印　　次：2018年 7月第7次
书　　号：ISBN 978-7-5127-1224-9
定　　价：29.80元

Preface
前 言

这部书初版问世之后，获得了读者的认可和好评，帮助很多家长解决了困扰已久的教育难题，使得一部分新手妈妈更具有教育孩子的信心。感谢众多妈妈的肯定和垂爱！

孩子在变，成长环境在变，新的问题不断出现，不容许教育工作者一劳永逸，我一直在学习、在思考、在寻找，以便于更好地了解孩子，帮助家长！

新版对文字做了一定的修订，读起来更通俗易懂，调整了重点讲述内容。同时，校订了旧版的不足之处，根据家长们的购买留言和读后交流，增补了他们更加渴望和期待的新内容。比如，对“分离焦虑”“如何爱”“沉默不语”等给出了更详细、更专业的解读，增加了“依恋关系”“自我意识关键期”“口欲期固结人格”“语言发展规律”“物权意识”“情绪”等内容。新版内容更利于家长深入地了解孩子，实施教养！

孩子来到世间，是一个独立的个体，这个个体要发展，就需要获得外界的支持和帮助，而妈妈是孩子最主要、最重要、最值得信赖的家庭环境中的主角之一。

从宝宝呱呱落地的时刻起，妈妈就要熟悉不同阶段宝宝的身心发育特点，懂得宝宝所处的关键期，这样面对“不言不语”的宝宝以及他们“怪怪”“暴躁”的行为时，才能知道他们的需要，理解他们的行为，使他们更好地成长。特别是3岁以前，是孩子多种能力发展的关键期，比如视觉能力、爬行能力、语言能力、审美能力、自主意识等。关键期是孩子发展自身能力的高效期，一旦错过了这个时期或者没有得到充分的发展，长大以后可能就难以弥补。

孩子的成长是一个连续的过程，前一个阶段的成长直接影响后一个阶段的发展。所谓3岁决定孩子的一生，讲的就是3岁前的教育对孩子的一生都有很大的影响。那些存在某种性格缺陷的孩子，如自卑、交往能力差、动手能力差、不会选择、不懂规则、自制力不强等，都可能是因为3岁前没有受到良好的养育造成的。

当下的家长都把养育宝宝当成一生中最为重要的事情来做，到头来有的家长却遗憾重重，一个很重要的原因就是不了解或者不重视宝宝的成长规律，不懂得 3 岁前宝宝的心理特征，以至于做出了伤害孩子的事情。

举个例子，宝宝八九个月的时候，进入爬行的关键期，有的孩子迅速学会了爬。面对活力无限的宝宝，有的妈妈为了不让宝宝从床上摔下来、不弄脏新衣服、不蹭破皮肤沾染细菌，早早把孩子放进了学步车。妈妈觉得，尽快学会走路比爬强。有的宝宝到了 11 个月还不能爬行，妈妈很着急，担心有毛病，带着宝宝到处去检查，碰到庸医，给出答案“大动作迟缓，疑似脑瘫，做康复训练”。一两年下来，宝宝什么都会了，什么毛病都没有，整个家庭却付出很多！按照宝宝的成长规律，就是存在 11 个月以后才会爬或者先走后爬的情况！

爬行对宝宝来讲很重要，可以促进感觉统合能力，视听、视动、听动更协调。如果不爬行或者爬行不够，上学后很容易发生上课注意力不集中、听不清老师布置的作业，写字歪歪扭扭、作业速度很慢、有阅读障碍等问题。爬行也是促进宝宝身心发育的一个重要过程。宝宝学会爬行以后，新能力的发展为婴儿积累各种新经验打开了一扇门。

再举一个例子。1 岁左右的宝宝打人，这不是宝宝“厉害”“暴力”，而是他在表达，可能是“友好”“欢迎”“亲昵”“排除”“不同意”“你冒犯了我”的意思，他们不具备语言表达能力，于是就用打、挠、咬等很直接的行动来表达。宝宝这么做，跟道德无关，只是一种表达方式。“我喜欢你想拍拍你，你让我不开心了或者阻止了我的活动，我就要‘排除你’，我就用手打你或者用嘴巴咬你。”在这样的活动中，宝宝感受到了“我”和“你”不一样，我的动作能够影响你，是“自我”意识的体验，很直观地界定了自我。

孩子的成长需要经历一个系列阶段的过程，每一个阶段都有主要的目标、任务和冲突。各个阶段相互依存，后一个阶段发展任务的完成依赖于前一个阶段冲突解决的情况。任何一个阶段教养不当都是对宝宝成长过程的阻碍。

合格的父母一定是谦卑的父母，他们懂得儿童的思维不同于成人思维。为此，他们不断学习，学习儿童心理、教养方法、教育理念，从而更加了解儿童、了解教育，“帮助孩子发展成他自己最宜于成就的人”！

Contents
目录

第一章　人生从这里起航：安全感

第二章　关键期，接纳宝宝的成长方式

第三章　宝宝闹情绪为哪般

第四章　尊重宝宝智力发展过程中的“怪现象”

第五章　从小“细养”出来的好性格

第六章　处理好“糟糕”行为

第七章 从宝宝的特点出发，调理宝宝生活

第八章　解开妈妈眼里的成长难题

第一章

人生从这里起航：安全感

我家宝宝太难带

春天来了，绿树吐嫩，小草发芽，小区公园里多了几分生机和活力，太阳暖洋洋地照着，人们悠闲地凑在一起聊天。

一位抱着小宝宝的年轻妈妈说："这孩子真难带，每天晚上都要醒几次，大哭，只有抱着才能睡会儿。白天也老哭，不饿也哭！要不是有姥姥在，我都快吃不消了！"

有妈妈问："是不是白天睡多了晚上才哭？"年轻妈妈说："白天不睡，晚上也会醒，还不如想睡就睡呢！有的时候试着不抱，宝宝嗓子都要哭哑了。我又怕不抱会失去安全感。"

又有妈妈问："是不是生病了？有没有检查？"年轻妈妈说："没病，查过了，也不缺微量元素！"另一位妈妈说："一个宝宝一个样，遇到这样的宝宝，就受累了！"

认识宝宝的3种气质类型

托马斯和切斯通过一项"纽约纵向追踪研究"的结果，得出了划分气质类型的五个维度，分别是：节律性、适应性、趋避性（积极探索或者消极被动）、典型心境（情绪状态）、反应强度。这五个维度与亲子关系、社会化、行为问题密切相关。

在婴儿阶段，人们根据这五个维度把婴儿的气质划分成3种类型：

1. 容易抚养型

这种气质类型的宝宝生活有规律，节奏明显；容易适应新环境、新经验；能主动探索环境，对新异刺激反应积极；愉快情绪多；情绪反应适中。

2. 抚养困难型

这种气质类型的宝宝生活规律性差；难以适应新环境、新经验；对新异刺激消极被动，缺乏主动探索周围环境的积极性；负性情绪多；情绪反应强烈。

3. 发展缓慢型

这种气质类型的宝宝对环境变化适应缓慢；对新鲜事物反应消极，对新异刺激适应缓慢；情绪经常不愉快；心境不开朗。但是在没有压力的情况下，他们会对新异刺激缓慢地产生兴趣，在新情境中逐渐活跃起来。这类儿童随着年龄的增长，特别是随着成人抚爱和良好的教育作用会逐渐发生变化。

很显然，“抚养困难型”宝宝最难带，父母要有心理准备，否则，真的很难享受到育儿的快乐。

□ 宝宝难带， 妈妈不要急

如果宝宝很难带，可能是“抚养困难型”宝宝。这类宝宝难带，只是出生后一段时间，随着不断长大和良好行为习惯的建立，宝宝就会变得主动、快乐起来。

给妈妈们几点建议：

1. 主动适应宝宝

宝宝出生以后，妈妈会定时给宝宝喂奶，喂奶时间最初是每隔两三个小时一次。如果按照这个时间喂奶，宝宝哭闹不吃，或者没到这个时间点宝宝又饿了，妈妈可以顺应宝宝的需要，在让宝宝随心的基础上找到规律后，养育起来就容易了。

关于睡觉，谁都不想宝宝白天睡半夜闹。这就要观察宝宝的睡眠需要，看看一天能睡多少个小时，宝宝什么时间有困的反应，白天哪个时间段的觉可以不睡或者少睡，尽可能把睡觉的时间放到晚上。

2. 宝宝哭，不要烦躁

宝宝不会说话，哭闹的时候父母特别着急，搞不懂是病了、饿了，还是不高兴。如果宝宝属于“抚养困难型”，跟病就没关系了。父母可以放宽心，不要胡思乱想。即使很着急，也不要表现出急躁的情绪。否则，宝宝会表现得更加烦躁、抵触、易怒和消沉。

宝宝哭的时候，妈妈要尽快抱起宝宝，嘴里哼一些轻松的小曲，或者跟宝宝说说话。这样，宝宝的情绪慢慢就稳定了。

3. 给予宝宝较多的关爱

平时多逗宝宝笑一笑，用宝宝喜欢的逗弄方式和宝宝玩。如果宝宝喜欢洗澡，就每天洗一洗；如果宝宝喜欢拉着妈妈的手，就多给宝宝拉一拉。宝宝情绪不好的时候，妈妈最好抱着宝宝，抚摸宝宝的身体，对宝宝说：“好宝宝，妈妈爱你！”

给宝宝关爱除了照顾宝宝的衣食住行外，还要陪宝宝玩。玩是宝宝的成长需要，宝宝会在玩的过程中独立起来。

4. 不要随意带宝宝到陌生环境

宝宝出生以后，如果抚养人是妈妈，妈妈就要多和宝宝在一起，不要经常离开宝宝，不要把宝宝丢给他不熟悉的人，更不要随意把宝宝带到陌生环境中去。

你和宝宝建立了哪种依恋关系

果果快 3 岁了，家人准备送他去幼儿园，但是，又犹豫不决。果果什么都不会做，吃饭要靠妈妈喂；刷牙、洗脸、穿鞋，妈妈不伸手，他就一直等着。果果还有个习惯，只要妈妈在家，绝对不让别人管他。如果去上幼儿园，可怎么办呢？

豆豆是一个 2 岁半的女孩，特别依恋妈妈。妈妈经常说："我女儿在别人面前是豆豆，在我面前是公主，得伺候着。"在奶奶家，到点豆豆就睡觉，出门跟着奶奶走，还能自己坐在餐桌前吃饭；回到了家，妈妈不抱着转 1 个小时，绝对不睡觉！

壮壮 2 岁，随时随地都要妈妈陪。玩得好好的，只要妈妈一转身想去做点儿别的事情，壮壮就大声哭喊。在家里要妈妈陪，到了外边，也时时刻刻不离妈妈身边，有点什么需求也必须妈妈出手才行。

妈妈和宝宝本是两个独立的个体，宝宝如此黏着妈妈，也难怪妈妈着急啊！那么，宝宝这种依恋行为能够改变吗？

常见的 3 种依恋关系

法国心理学家瓦隆指出："儿童对人们的依恋心是发展儿童个性极端必需的。如果儿童没有这种依恋心，就可能成为恐惧和惊慌体验的牺牲品，或者将产生精神萎缩现象，这种现象的痕迹可以保留一生，并影响到儿童的爱好和意志。"儿童依赖妈妈或者他的抚养人，是一种正常的心理需要。如果妈妈（或者其他养育人）和宝宝建立了安全依恋，宝宝就会自然地走向独立。

心理学家做了一个研究，两个在两三个月大时哭闹程度相当的婴儿A和B，A的父母对他的哭闹不烦不乱，仍然跟他说话，逗他玩；B的父亲则极少花时间陪他，母亲又是只要他一哭就把他抱在怀里走来走去，很少跟他说话或是陪着他玩。等到1岁左右，A只要在父母身边不远，大部分时间都能快快乐乐地自己玩；B却仍然时常哭闹，要求大人抱。

由此可以说明，依恋能减少婴幼儿的不安与恐惧。获得安全依恋的宝宝深知有人关心他，有需要时成人一定会出现。这样，当他独自活动时，也有一种安全感，能容忍与成人的分离而不焦虑，不会产生遇到困难无人帮助的恐惧感，独立性就这样伴随着依恋性慢慢发展起来了。

心理学家埃里克森认为，1岁以前是对信任怀疑的阶段，这个阶段的主要任务是充分满足孩子生理上和心理上的需要，以此发展孩子的信任感，克服不信任感。这样，才能奠定孩子一生身心健康的基础。如果这一阶段的危机得到积极解决，就会形成“希望”的品质，成年后倾向于乐观、信任、活跃、慈祥等积极的人格特征；如果这一阶段的危机是消极解决的，就会形成惧怕感，成年后倾向于悲观、多疑、抑郁、烦躁等消极的人格特征。

依恋关系主要分为3种：安全依恋型、逃避型、矛盾型。安全依恋型关系体现了孩子对父母以及这个世界的信任。我们可以通过母亲离开时孩子的表现来判断孩子是否和母亲建立了安全依恋型关系。

安全依恋型的孩子在母亲离开时会哭闹、焦虑、缠住妈妈，甚至追着妈妈跑，但是当妈妈离开后，他的情绪容易被抚平。当母亲回来时他很高兴，会让妈妈抱着，要和妈妈亲热。妈妈带他出去玩，妈妈在场时他玩得很欢，但是不会远离妈妈的视线，通常以妈妈作为自己活动的基点，玩耍时常常回到母亲身边寻求安慰，或者确信自己的妈妈还在。这样的孩子，通常比较合作，很少生气，对陌生人也友善。

逃避型孩子在母亲离开时很少哭泣，母亲回来时也不太高兴并设法逃避母亲。这些孩子在需要时不会寻求帮助，常有愤怒情绪，对陌生人不在意。这样的孩子几乎没有和人建立交往关系，因为缺乏与人交往的经验，长大后不懂得怎么跟人相处。

矛盾型孩子在母亲离开之前就开始焦虑，他紧张地关注母亲的行为，生怕母亲离开，因此不能尽兴地玩耍，母亲离开后更加不安，情绪一直都快乐不起来。回来后他的行为也很矛盾，既想亲近母亲又想通过尖叫、踢打来拒绝母亲。这样的孩子对周围环境的探索主动性不强，很难安抚，对陌生人也不友好。他虽然渴望交往，但是因为对人缺乏信任，长大后很难和人建立亲密的关系。

孩子和母亲形成的依恋关系，是孩子人格发展的基础，决定着孩子未来将以什么样的状态生活在这个世界上。

◘ 如何和宝宝建立起安全型依恋关系

宝宝与妈妈的依恋关系跟妈妈的养育方式有关系。那么，妈妈怎么做才能帮助宝宝建立起安全型依恋关系呢？

1. 有规律地满足孩子的生理需要

如果父母等养育者（主要是母亲）能够爱抚婴儿，并且有规律地照料婴儿，满足他的基本生理需要，比如，饮食、排便等，就能使婴儿对周围的人产生一种基本信任感，感到周围世界和人都是可靠的，婴儿从生理需要的满足中体验着身体的平和，感到了安全；相反，如果婴儿的基本需要没有得到满足，或者得到的是不一贯、无规律的满足，就会对周围的人产生一种不信任感，婴儿从生理需要混乱的满足中体验着身体的不适，产生最初的不安全感。

孩子对这个世界的认识是从与这个世界上的人、物的接触中获得的。如果妈妈高兴了就不断地给孩子奶吃，不断地亲吻孩子；不高兴了就等到孩子哭了才喂奶；忙的时候一天都不看孩子几眼……这样的不考虑孩子需要的养育方式会让孩子觉得这个世界是不靠谱的，是充满了不确定因素的。

如果当孩子没有表达要吃奶的愿望时妈妈就主动喂奶，会使得孩子特别容易轻信别人；当孩子表达有吃奶的愿望时，父母耽搁着不喂，孩子会不信任别人，戒备这个世界。所以，按着孩子的需要有规律地喂奶，遵从的是孩子内在的秩序，孩子从中找到了一定的规则，并适应其中。

2. 1 岁前，让宝宝获得安全感

6 个月~1 岁是形成依恋关系的关键时期，这个阶段，家长要给孩子无微不至的照顾，让孩子从妈妈的亲热、爱抚、及时的喂养、交流、注视等行为中体验到妈妈的爱，获得安全感，形成积极的人格品质，比如自信、信任、友好、友善、勇敢等。这些品质，随着孩子慢慢长大就呈现出来了。

如果依恋关系不稳定，容易导致宝宝缺乏安全感。有的家庭，父母过于忙碌，没有时间照顾宝宝，就雇保姆或者把宝宝寄养在亲属家，这种情况极易导致宝宝安全感不足，宝宝担心妈妈离开，几乎每天都生活在惶恐当中，见到妈妈就黏上了。

3. 让宝宝快乐成长

心理学家罗耶说："在唤醒婴儿的感官愉悦的过程中，父母扮演着第一个重要角色。通过他们对婴儿的日常照料——喂奶、换尿布、亲抚，婴儿发现了皮肤的接触、音乐般的嗓音、甜腻的奶香、妈妈温柔的目光给他带来的快感。"而快乐是一切积极情绪的基础和归宿。一个在 6 岁前就获得了快乐的孩子，一定能够打下良好人格发展的基础。

4. 不忽视宝宝的独立

很多家庭过于溺爱宝宝，无条件满足宝宝的一切需求，宝宝有了自己做事的欲望时，父母为了安全，极力阻止，妨碍了宝宝独立能力的形成，使得最初建立起来的安全依恋感逐渐发展成过度依恋、依赖。那些祖孙三代生活在一起的家庭，由于祖辈对孙辈呵护有加，更容易多溺爱少教育。

5. 和宝宝亲密接触

有的年轻妈妈过于贪玩，觉得宝宝小不懂什么，吃饱穿暖就成了，当襁褓中的宝宝向妈妈发出爱的呼唤的时候，她们并不敏感，也不喜欢抱着宝宝，不经常抚触、亲吻宝宝，甚至对宝宝爱的索求置之不理，导致宝宝情绪不稳定，对这个世界很不信任。

伟大的古训:“1 岁是国王”

有位妈妈说:“我家宝贝就是我的祖宗!我的生活是围绕着他的生活展开的,完全没了自我!即使我正在吃饭,只要他哭了,我立马放下筷子,飞奔到他面前!头发长了,我都不敢去修饰,担心弄头发的时间太长,宝宝见不到我会不安。自从有了宝宝,连奶奶的作息时间都改变了。宝宝每天晚上 7 点就要睡觉,奶奶都不敢开电视看新闻联播,只得回房间看手机上的新闻。没办法,谁让儿子那么小呢!长大了,一定让他好好孝敬奶奶。”

1 岁, 安全感建立的关键期

犹太圣经《塔木德》说:“1 岁是国王:大家集合起来,像服侍国王一样哄他,取悦他。”

1 岁是宝宝安全感建立的关键期。什么是安全感?从字面来理解,就是宝宝来到这个世界以后,对这个世界的信任感。宝宝的信任感主要来自母亲或者其他的照料者。

妈妈充分满足了宝宝的需要,宝宝对周围世界建立了基本的信任,就会觉得这个世界是美好的,是值得信赖的,就能顺利地发展下一个阶段的成长任务,乐观、积极地成长。信任感是宝宝人生发展的基石。弗洛伊德曾说:“自幼充分享受母爱的孩子一生充满自信。”

宝宝出生后,或早或迟地会表现出对妈妈的依恋。妈妈把宝宝抱在怀里,宝宝会睡得很踏实，脸上露出幸福的表情。如果长时间见不到妈妈，宝宝就会哇哇大哭，不睡觉。

在新生儿阶段有一个很重要的连接，叫作母婴连接，是建立宝宝与父母之间亲情和紧密关系最重要的情感基础。胎儿从母体出来，会体验到一种强烈的分离焦虑，靠妈妈的爱抚以及母乳的喂养来恢复这种母婴的联系，这个时候宝宝渴望和妈妈在一起，即使只是含着奶头也能消除他内心的恐惧。所以，此时妈妈的陪伴是孩子成长的重要精神营养，可以降低宝宝的分离性焦虑，逐步恢复胎儿样的安全感。所以，宝宝出生后，妈妈一定要自己带。

宝宝在妈妈肚子里的时候，温暖、舒适、自由，出生以后，如果妈妈没有及时、充分地满足宝宝的口欲；没有及时清理宝宝尿了的衣裤，让宝宝的身体感到舒服；没有满足宝宝肌肤的饥渴，及时向宝宝表达爱；当宝宝害怕的时候没有及时给予安慰，那么，宝宝可能会产生恐惧感，不能对周围世界建立基本的安全感。如果这种糟糕的状态以后没有获得补救和改变，就会导致孩子对周围世界缺乏信任，影响其正常交往、工作和生活。

有一个女孩，妈妈在生下她后，远走他乡，女孩被寄养在奶奶家，奶奶去世后，女孩就靠着亲属救济生活。快20岁的时候，妈妈从异地他乡回来了。此时的妈妈，虽然不是特别富裕，但是也迫切想对女儿进行一些补偿，以温暖孩子那颗饱受凄凉的心。

可是，女儿接受了妈妈的钱财，却连一句感激的话都没有。最让妈妈伤心的是，女孩毫不珍惜妈妈给她的钱，胡乱消费，女孩花钱到上瘾的时候，一星期就能花掉上万元。妈妈对女儿说："妈妈赚钱很辛苦，你不能省着点儿吗？"女儿的回答让妈妈伤透了心："你不是说你爱我，想让我过上快乐的生活吗？我花钱的时候最快乐！"看着女儿理直气壮的样子，妈妈泪水不断。

因为幼时对爱的需要没有获得满足，人长大后会怀疑世界的匮乏，怀疑美好的事情不会长时间属于自己，怀疑自己的能力，对"不够"充满恐惧，对钱充满了无尽的欲望和依赖。

俄国生理学家巴甫洛夫说："婴儿从降生的第三天开始教育，就迟了两天。"对于1岁前的宝宝，妈妈给他的最好的教育就是及时满足宝宝的生理需要和精神需要，让宝宝感受到他是受欢迎的，是被喜欢的。

建立宝宝安全感的几个要点

婴幼儿期的安全感对宝宝未来的人格发展有着重要的影响，是一件大事，但不是难事。通俗一点儿来讲，就是把宝宝养好，怎么养呢？抓好以下几点。

1. 及时满足

小宝宝生理机能正在发育成长过程中，吃得少，容易饿，排泄速度快，不会表达，妈妈要密切注意，总结规律，掌握“婴语”。这样，才能照顾好宝宝的吃喝拉撒，宝宝感到舒服，就会认为这个世界是美好的，就能快乐成长。

2. 及时抚慰

小宝宝爱哭泣！至于为什么哭泣，大人只有猜测了。饿了？渴了？想妈妈了？窗外的噪声吓到宝宝了？做噩梦了？玩够了寂寞了？及时抱起宝宝，依偎在妈妈怀里，宝宝的内心很快会踏实，然后根据情况或喂或清理尿便或换衣被或抱着宝宝到处溜达溜达，宝宝感受到自己是被重视的，这个世界是充满爱的，内心就温暖了。

3. 多抱抱

对宝宝来讲，妈妈的怀抱是他最幸福的地方，胜过一切温暖的被褥。如果妈妈抱着宝宝的时候，表情微笑，温柔地跟宝宝聊天，宝宝就太幸福了。

英国比较心理学家哈洛以恒河猴为实验对象，得出了一个伟大的结论。

恒河猴和人类的基因非常相似，它们的基本需求、受到外界刺激时作出的一些反应，与婴儿如出一辙。

实验过程是这样的。哈洛先制作了两只“母猴”，一只母猴的外表由铁丝网制成，腹部上方有个橡皮乳头，接触的时候，奶水会从乳头上面的洞里流出来，幼猴便能喝到奶；另一只母猴由厚纸筒套上绒毛布巾制成，看上去暖融融的。

做好这一切后，哈洛把一群刚出生的恒河猴放进笼里和两只“母猴”一起生活。接下来几天，哈洛观察到，幼猴饿了就去铁丝母猴那里吸奶，开始几天，它们都很喜欢能够提供奶水的妈妈，都围在它身边。后来情况发生了转变。几天后，幼猴都来到了绒布母猴身边，它们趴在它胸前蹭它的身体，抚摸它的脸，做出很亲昵的动作，只是饿了的时候，才去铁丝母猴那里吸取乳汁，吃完后再迅速回到绒布母猴的怀抱。

这个实验告诉人们，爱源自接触，而非食物。可惜的是，这些由绒布母猴抚养大的猴子不能和其他猴子一起玩耍，性格极其孤僻，甚至性成熟后不能进行交配。哈洛对实验进行了改进，为幼猴制作了一个可以摇摆的绒布母猴，并保证它们每天都会有一个半小时的时间和真正的猴子在一起玩耍。于是，被这种会摇摆的绒布母猴哺育大的猴子基本上都正常了。

宝宝和幼猴有着相同的需求，需要妈妈温暖的怀抱。

0 ~1 岁“口欲期”

1 岁以内的宝宝，会不断地把舌头从嘴里吐出来缩进去地玩耍；见到什么就要咬一口，甚至小小的药片也要尝一尝，如果妈妈不让，就会哭喊；哭泣的时候，妈妈往他嘴里放些果汁、果肉什么的，或者把他抱在怀里抚摸，宝宝情绪就会好很多；当宝宝不是因为饥饿而啼哭的时候，如果把乳头、奶嘴放在他嘴里，宝宝做出吸吮的动作后情绪会稳定下来……

年轻的妈妈，你有没有发现这些有趣的现象呢？你能不能解释宝宝的这种行为呢？

妈妈要懂得“口欲期”与“口欲期固结”人格

奥地利心理学家弗洛伊德称 0~1 岁这个年龄阶段为“口欲期”，这个阶段主要通过口唇活动满足孩子的心理欲望。满足了孩子的口唇欲望，孩子就能顺利进入下一个阶段的成长。

要解释以上现象并不难，1 岁以前的宝宝主要需求停留在口部，这时儿童处于一种完全不自立的状态，依赖母亲或其他养育者生活。他基本没有行动能力，“口是他生活的中心和兴趣的中心。吃奶是用口，饥饿或者不舒服的时候，用口哭叫；愤怒的时候，用口咬母亲的乳头，抓到东西都往嘴里塞，这是他唯一的认识事物的手段”。

满足了他口部的吸吮需要，他就会觉得自己是安全的、被重视的、被喜爱的，就会感到快乐。满足的快乐是宝宝生存下去的动力，也是发展这个阶段宝宝的信任感的重要因素。

大概在半岁的时候，宝宝觉察到了口的功能，这个时候，他不再满足于用口来吃喝，而是用口来玩耍，认识自己的身体，认识生活的这个世界。可以说，1岁以前的宝宝，他的大部分注意力都集中在口上，妈妈满足了宝宝的口欲，宝宝就会露出轻松、愉快的表情，甚至手舞足蹈。

那些没有充分享受母爱，“口欲”没有获得满足的孩子可能发展成“口欲期固结”的人格，这种类型的宝宝，即使长大后也不能很好地自立，会过于依赖他人。

什么是“口欲期固结”人格？弗洛伊德认为，如果某一时期的性冲动停滞在那个阶段，这种停滞就叫固结。当后来遇到挫折时，这个固结点可能被激活。

举例说明一下。

在1岁多，儿童就逐步进入了一个新时期。这个时期是儿童行动能力出现、也是儿童学习自我控制的时期，儿童自我意志和个性第一次张扬。在这个过程中儿童常会反抗父母，教育心理学上称之为“第一反抗期”。如果这时父母对儿童的自主行为压抑过多，则儿童会退回到“口欲期”，精神分析学称此现象为“口欲期固结”。

有的孩子七八岁甚至十几岁，还会咬手指，把手指啃得秃秃的，这也是“口欲期固结”的表现。这些孩子童年没有得到父母充分地爱抚、关心，和父母关系不好，内心充满了孤独和不安全感，当学习紧张、遇到难题、和同学发生矛盾的时候，就会通过咬手指等不良习惯来缓解压力、自我抚慰。

即使到了成年期，如果缺少安全感，遭遇了更多的压抑、恐惧、伤害，行为也会退回到“口欲期”，寻求安全感和依赖感。

杨红39岁，烟龄13年，她坦言自从第一次恋爱失败后，就开始吸烟了，从那以后就戒不掉了。从小，杨红就喜欢吃零食，嘴闲不住，长大后懂得美了，想戒掉零食，但是戒不掉，就控制自己吃那些不容易发胖的食物。

如今，她不仅吃零食，还吸烟。工作后、晚饭后，点燃一颗香烟，袅袅烟雾弥漫开来，她感觉特别美，心里特别踏实，不再担心这个担心那个了。起初，丈夫反对，要求她戒烟，杨红宁可离婚也不戒掉。

那些到了两三岁，见到人家吃东西就抢、从地下捡起很脏的食物就吃的宝宝，可能是在“口欲期”阶段父母没能及时满足他的需要，导致宝宝口的敏感期延长，注意力固定在食物上，而无法学习其他的能力。

“口欲期固结”的人还有一个特点，他们如同 1 岁的孩子，眼界所及范围只有自己所身处的家庭。在与兄弟姐妹、同学、同事相处的时候，显得冷漠、无情、排斥，不懂合作、善待。

◘ 满足宝宝的“口欲”

为了让宝宝顺利地进入下一个成长阶段，在 0~1 岁的时候，妈妈一定要成为懂得宝宝的心理需要、被宝宝信任的好妈妈。

1. 满足宝宝的“口欲”

0~1 岁的宝宝，妈妈主要的养育任务就是满足宝宝生理上的需要，比如，吸吮、进食、爱抚、陪伴等，满足宝宝这些简单的需要，其实就是在发展孩子的信任感。这种信任感既指对他人的信任感，也指对自己的信任感，有了这种基础的信任，孩子在整个一生中都能积极面对一切人际关系。

哭是这个阶段宝宝表达需要的重要方式，如果宝宝哭了，妈妈要赶紧过去看看孩子是不是饿了、渴了、尿了、哪里不舒服了、做梦了、寂寞了，帮助孩子解决掉问题，孩子会很满足。

2. 和宝宝建立亲密关系

妈妈要保持愉快的心情，经常逗孩子笑，即使换尿布的时候也要面露微笑。喂奶的时候，妈妈要尽可能地让宝宝享受到更多的幸福，所以，妈妈要面露微笑、温柔地抱着宝宝，在和宝宝进行眼神交流的同时，多多抚触宝宝。

1 岁宝宝分离焦虑

娇娇出生 3 个月，妈妈就去工作了。娇娇由奶奶带，奶奶把她养得白白胖胖。娇娇很懂事，从不耍脾气，更不哭着喊着找妈妈。一家人甭提多开心了！

最近，娇娇变了，一见到妈妈，就往妈妈身上爬，双手搂着妈妈的脖子，小脸往妈妈脸上贴，生怕妈妈把她放下来，害得妈妈什么家务都做不了。最折磨人的是每天早晨上班前，都得奶奶使劲儿把她从妈妈怀里抢过来，妈妈才走得了。

有一次，娇娇撕心裂肺地哭得跟小泪人似的，妈妈的眼里涌满了泪水，使劲儿把女儿搂在怀里，娘俩一起哭。一家人都看不下去了，个个抹眼泪，觉得亏待了这么小的孩子。

娇娇惧怕分离的这种情况叫作分离焦虑，宝宝从 1 岁左右起，和妈妈分离时，会出现分离焦虑。之所以产生分离焦虑，是因为宝宝在逐渐长大，清楚地意识到自我的存在，但是还停留在“母婴共生”阶段，觉得自己和妈妈是一体的，分开了就见不到妈妈了，所以会撕心裂肺地哭闹。

宝宝有分离焦虑很正常

宝宝的分离焦虑一般出现在 1 岁之前，但在 1 岁以后 3 岁以前这段时间达到顶峰。

宝宝出生以后，他会逐渐感知到自己和母亲是分离的。饿了的时候，他不能像在母体里那样立刻就能获得营养，再关爱宝宝的妈妈也不能时时刻刻满足宝宝，不能让宝宝随时感受到妈妈的呼吸。在这个过程中，宝宝逐渐意识到自己和妈妈是分离的。大约8个月大时，宝宝会意识到自己是独立的个体。问他妈妈在哪里、爸爸在哪里，他会用手指出来。从生长发育上来讲，这是认知过程里一个令人兴奋的里程碑，但是，对宝宝自身来说，这种新认识会使他感到焦虑。

我们常常见到，妈妈在的时候，宝宝可以让别人抱，而且在别人怀里会玩得很好，可是妈妈一离开，宝宝就有反应了，双手连同身体都会够向妈妈的方向。这是因为，宝宝知道你会离开他，但还不明白你总会回来，担心你抛弃了他，所以大哭大喊。

笔者曾经见到这样一个场面，一家人各自忙各自的事情，1岁零几个月的宝宝躺在小车里玩得不亦乐乎。晚饭时间到了，家人围坐在餐桌前开始吃饭，宝宝见状躺在小车里大声尖叫。妈妈跑过来，把宝宝推过去，让宝宝面向餐桌躺着，宝宝看着大家吃饭，又开心了。

有了自我意识的宝宝，非常害怕被丢弃，他们需要时刻感觉到父母爱他、跟他在一起，这样，他才会感到安全，才会快乐地玩耍；否则，就会哭闹，争取父母的爱。

又如，有一位妈妈，她经营着一家小饰品店，宝宝出生几个月后，迫于生意的压力，她就投入了工作，经常去外地进货、调研，宝宝被寄养在奶奶家。妈妈一有时间就去看宝宝，陪宝宝玩，但是，妈妈一离开，宝宝就大哭。为了不让宝宝哭，妈妈每次都是趁着宝宝不注意偷偷地溜走，有时妈妈干脆就不去看宝宝。然而到宝宝2岁以后，问题出现了。妈妈发现宝宝跟奶奶非常亲，奶奶不在身边，她就会不安，妈妈在宝宝眼里则成了来去自如的陌生人。妈妈很伤心，说自己挣钱还不是为了宝宝有个好生活，谁想到，却把宝宝推远了。

像上述这种情况，只要妈妈多爱宝宝、多陪宝宝，还是能够补救过来的，毕竟母子同心。如果不及时补救，等孩子心中种下的“妈妈不爱我”的种子生根、发芽，就会专门跟父母对着干了。

◘ 妈妈智慧点、 狠心点

虽然宝宝有分离焦虑是一种成长现象，但是，情绪波动太大，对宝宝的成长不利，也影响大人的心情。如果妈妈智慧一点、狠心一点，就能减少或者缓解宝宝的分离焦虑。

1. 做好分离缓冲

强强是一个1岁半的男孩，妈妈每次出门，都会跟他先商量一会儿：“妈妈出去办一件很重要的事情，你跟奶奶玩上几个小时，妈妈就回来了！”“妈妈去上班，去挣钱，宝宝不让妈妈去，妈妈就没有钱了，就不能买宝宝吃的奶粉、玩的玩具！”“待会儿，奶奶会带着宝宝去楼下花园里捉小虫虫，那种会叫的小虫虫，宝宝最喜欢了！”

妈妈这样说着的时候，奶奶就会看准时机，把强强接过去，带走。奶奶会把强强带到哪里呢？有的时候奶奶会带他去他喜欢的地方玩，有的时候奶奶会抱着他，拍着他的背说：“宝宝想妈妈了，奶奶知道！妈妈很爱宝宝，下班后会第一个回来的！”这样，强强逐渐就明白了，和妈妈的分别只是暂时情况，妈妈会按时回到他身边的。

这位妈妈对宝宝说出了离开的时间、理由，宝宝心里有谱，就不觉得分离时间很长。妈妈告诉宝宝，妈妈离开后，宝宝会有奶奶照顾，奶奶也很爱他，照顾他的方式也是宝宝喜欢的，宝宝就更容易接受了。而且，奶奶配合得也很好，宝宝就更加相信妈妈了。有了这个过程来缓冲宝宝的情感波动，就减轻了宝宝的心理震荡。

妈妈和宝宝分离的时候，千万不要流露出留恋、依依不舍的神态，更不要连连回头看宝宝，否则，宝宝觉察到妈妈的内心需求，体会到妈妈对自己的依恋，仿佛受到了“鼓励”一样，情绪就更大了。

2. 继续巩固宝宝内心的安全感

我们经常看到，妈妈离开时，有的宝宝只是稍微闹一会儿，妈妈一解释就好了；妈妈走后，也能很好地玩耍；平时，也不是经常黏在妈妈身上，能够跟妈妈以外的人玩耍；妈妈不在的时候，也不哭着喊着找妈妈。

这样的宝宝，一般安全感建立得都比较好。发展心理学认为，0~2岁的宝宝，需要有规律的满足和舒适的照料，能做到这一点，宝宝就会对周围世界产生信任感，否则，就会对周围世界产生怀疑，形成消极品质。因此，这个阶段的发展任务是更好地建立、巩固宝宝的安全感。

为了让孩子以积极的心态面对环境，孩子出生后，父母要给予完美的照顾，除了及时满足宝宝的生理需要，还要多和宝宝玩耍、做游戏，多鼓励、夸奖宝宝，这样宝宝就比较乐观，信任妈妈、信任周围的人，对幸福较有把握，有足够的能力去面对分离。

宝宝吃手、啃脚丫子

老人都说小宝宝的手指头上是有蜜的，可是很多年轻妈妈不这样认为，觉得宝宝吃手是个不良习惯，容易把手上的细菌带入身体内，影响健康，还会影响牙齿的发育。于是，她们想方设法把宝宝的小手从嘴里拽出来。

有的宝宝很执着，妈妈拽出来，他又塞进去。妈妈想出绝招，给宝宝的手上抹辣椒，可是又心疼宝宝，担心被辣到后宝宝哭个不停。哎，很多妈妈在为这事苦恼啊！

不只是吃着玩那么简单

宝宝喜欢吃手，是由宝宝的生理发展特点决定的。宝宝的大脑是渐进发展的，随着各种动作的熟练，大脑的各项功能也逐步完善。宝宝出生后，伴随着生命的觉醒，口的敏感期到来了。这个时候，宝宝发现了自己的小手。最初的时候，宝宝用口去认识自己的手。这个时候，宝宝用嘴咬东西，不是饥饿的原因，而是要通过口的接触去感知、了解这个陌生的世界，妈妈不阻止，充分满足宝宝这种口欲的需求，宝宝就能顺利进入对这个世界的深入认知阶段。

有的妈妈觉得不卫生，时时把宝宝的手从嘴里拽出来，但每次宝宝都是非常执着地把手又伸回嘴里，很快乐地吸吮。著名育儿专家秦锐说："这个阶段的宝宝吃手，只有好处没有坏处。吃手可以训练他的手眼协调能力、培养他的自我认知能力和运动能力。"

所以，当孩子躺在小床上或者小车上自己玩耍的时候，妈妈可以先把孩子的手洗干净，这样就不会存在卫生问题了。

从生理发展的角度来讲，到了2岁以后，宝宝吃手的欲望就已经很低了，如果这个时候宝宝还是很热衷于吃手，那么对孩子的成长就起不到积极的作用了。

如果宝宝吃手吃得特别厉害，几乎是手不离嘴，那么可能就是宝宝太寂寞了，妈妈要及时给予他爱的满足。如果处理不好宝宝的这一需要，就有可能发展成“口唇类型”的人格，即使长大后也表现为不成熟、过分依赖他人、贪吃、抽烟、酗酒、以自己的需要为中心、强求别人、缺乏耐心、多疑等。

如果2岁以上的宝宝还是像小的时候那样吃手、啃脚，不但会咬伤自己的身体，还不利于牙齿发育。由于宝宝的牙齿已经具有了一定的啃咬能力，容易造成宝宝的手指脱皮、肿胀甚至感染。同时，也会引起宝宝出牙时牙齿排列不整齐、牙齿闭合不良等情况。例如，若3~4岁的宝宝过度地吃手，就有可能导致恒齿的齿形缺陷，长出龅牙的比例也更高。

2岁以上的宝宝，开始有了独立意识，探索世界的欲望会更强烈，对自己的身体部位已经没有了太大的兴趣，如果还是乐此不疲于自己的手、脚，很有可能是在抒发内心的压力，这种情况比较常见。还有一种可能是宝宝体内缺少某些微量元素，如缺锌的宝宝喜欢咬手指甲。若出现这类情况，妈妈先带宝宝去医院检查一下，确诊了才能对症下药，千万别自作主张，给孩子乱补营养品。

◘ 根据年龄应对

对于2岁以前宝宝的吃手行为，妈妈没有必要太介意，只要没有出现皮肤伤害，只需注意一下手部卫生就好了。在外面玩耍的时候，制止宝宝的吃手行为，回到家里，手洗干净了，就让宝宝自由吸吮吧！

到了2岁以后，宝宝依然吃手，而且伴随有不合群、胆小、羞怯等性格倾向或者紧张、焦虑等情绪，妈妈就要注意了。宝宝可能是因为内心孤独、缺少安全感而用吃手来满足内心的空虚，妈妈要多花点时间和宝宝在一起，和宝宝一起出去玩、聊天、做游戏，给宝宝讲讲故事，有妈妈和宝宝一起玩，宝宝的注意力就会从手上转移开了。

有的宝宝吃手，是因为自信心不足，从这个小动作上寻求安慰。妈妈平时要

转移到某些日常物品上，比如从小盖着的小被子、小抱枕、绒布熊等，抱着它们，宝宝心里就不空荡荡的了，就仿佛有妈妈在身边陪伴一样温暖。

从这一点上来讲，这些被恋的物品是宝宝心理安全感的依靠，会让宝宝不再孤单，对宝宝的成长有积极的意义，到了一定的年龄会自然消失，妈妈用不着恐慌。可是，恋物情结一旦严重，就像上述案例中的帅帅那样，有了恋物癖的倾向，就需要改变了。

要想改变宝宝，先要搞清宝宝为什么恋物。

2 岁以前是宝宝建立爱和信任的关键期，在这个阶段，宝宝会通过对身边人的依恋来表达自己内心的安全感。这个人最好是爸爸或妈妈。如果宝宝与他最依恋的人分开了，宝宝就会把某些物品作为妈妈的象征或者替代品，把原本对亲人的依恋转移到对物品的依恋上。所以，安全感建立的好与坏，决定着宝宝恋物情结的严重程度。

如果妈妈必须经常性地跟宝宝分离，但分离时间也就几个小时，一般不会影响宝宝对妈妈的信任，依恋物也只是暂时的替代品，妈妈只需要利用在家的时间多陪伴宝宝，给宝宝讲故事，做游戏，分离的时候告诉宝宝“妈妈出去工作，很快就能回来”，就不会发展成“恋物癖”。

实践证明，1 岁以内在妈妈的陪伴下长大的孩子，安全感建立得比较稳固，即使 1 岁以后妈妈去工作，情况也很乐观。所以，1 岁以内，甚至 2 岁以内，妈妈都应尽可能地陪伴在宝宝身边。

妈妈和宝宝分房睡的时候，如果太过强制，也容易导致宝宝恋物。

例如，阳阳 3 岁的时候，妈妈决定让阳阳去他的小床睡觉。刚开始，阳阳哭哭啼啼不愿意，每次都要回到妈妈的房间。后来，妈妈把阳阳的房间锁住，阳阳出不去，每天就抱着小枕头睡觉，结果形成了枕头依恋症。

当阳阳对自己睡一个房间提出抗议的时候，妈妈不应强制分开，而应在妈妈房间给宝宝放一张小床，或者睡觉的时候宝宝房间的门和妈妈房间的门都开着，这样宝宝就会觉得和妈妈是一体的，就不容易有分离感，比较容易接受。这么做的同时，妈妈要多给宝宝关爱，增强宝宝的安全感，因为安全感建立得好的宝宝独立能力也比较强。

◘ 积极改变宝宝

有恋物癖倾向的宝宝，可能是严重缺乏安全感，如果不及时纠正，性格会发生改变，比如变得胆小、多疑、不自信等。如果妈妈发现宝宝有恋物癖倾向，应及时纠正。

1. 多和宝宝亲热

在日常生活中，妈妈经常性地拥抱、亲吻、抚摸宝宝，宝宝就会觉得：妈妈爱我，在我身边保护我，我没有什么可怕的，没有什么困难挡得住我……有妈妈的爱环绕，宝宝就会把精神依恋从物品上转移到妈妈身上。

宝宝睡觉的时候，妈妈陪着宝宝入睡，宝宝精神会放松，就不会一定要抱着物品才能睡着了。平时多带宝宝出去玩，多交一些朋友，而不是让宝宝窝在家里，将注意力集中在某件物品上。

2. 替换下宝宝依恋之物

妈妈不要觉得恋物不正常，要理解宝宝恋物是正常的心理需求。要淡化宝宝对某件物品的依恋，可给宝宝重新购买相似的物品，有意识而又不露声色地增加新物品的使用频率，逐渐地就能替换下宝宝曾经依恋的物品。

是否需要"延迟满足"孩子

妍妍是一名2岁的小女孩，每天脸上都挂着满足的笑容。妈妈觉得这与自己对孩子照顾细心，及时满足孩子的各项需求有关。

可是，她的朋友却说，"延迟满足"一下孩子的需求，更利于孩子成才。妍妍妈妈有点纠结，她不知道究竟应该怎么做才是对妍妍最好的养育！

关于"延迟满足"

妍妍妈妈的问题，正是当下困扰很多家长的问题。他们爱孩子，愿意及时满足孩子的生理需要，但是他们又怕这样惯坏了孩子，长大后不懂得等待。

家长们的顾虑有一定的道理。在20世纪70年代，就有一个跟踪实验证明：同样的孩子，控制力强的，长大后会更有出息。

20世纪70年代，美国斯坦福大学附属幼儿园基地内进行了著名的"延迟满足"实验。实验人员准备了好吃的软糖，糖对4岁的孩子来讲，那可是极具诱惑力的食品。

当每个孩子的面前都放好一颗软糖后，实验人员告诉孩子们可以吃糖，但是马上吃掉的话，只能吃一颗软糖；如果等20分钟后再吃，就能幸运地吃到两颗糖。毋庸置疑，谁都想吃到两颗糖，那么就看谁的自我控制能力更强了！

实验人员通过单面镜进行观察，发现：有些孩子只等了一会儿就不耐烦了，迫不及待地吃掉了软糖；有些孩子很有耐心，他们想出各种办法拖延时间，比如闭上眼睛不看糖、头枕双臂、自言自语、唱歌、讲故事等，成功地转移了自己的注意力，顺利等待了20分钟，这些“延迟者”当然享用到了两颗糖。

等参加实验的孩子到了青少年时期，调查发现：“不等者”在个性方面，更多地显示出孤僻、易固执、易受挫、优柔寡断的倾向；“延迟者”较多地成为适应性强、具有冒险精神、受人欢迎、自信、独立的少年。在学业能力上，“延迟者”比“不等者”在数学和语文成绩上平均高出20分。

于是，在人们的思想意识里，有了一个词语，叫作延迟满足。

延迟满足是个体有效地自我调节和成功适应社会行为发展的重要特征，是一种为了更有价值的长远结果而主动放弃即时满足的抉择取向，属于人格中自我控制的一个部分，是心理成熟的表现。

很多妈妈非常看重宝宝“延迟满足”的能力，她们觉得一个人的一生会经历无数次选择，能否耐心等待到最好的结果出现，关系着孩子一生的幸福，这种等待的能力，需要从小培养。

那么，“延迟满足”的能力是越早培养越好吗？绝不是。

□ 3岁前，及时满足宝宝的生理需求

3岁以前是宝宝安全感建立的关键时期，特别是1岁前，更要及时满足，若故意延迟，宝宝可能会觉得父母不爱他。

1. 母乳喂养更适宜

3岁之前，宝宝需要父母经常地用语言和行动来向自己表达爱，最直接、最重要、最及时的方式之一就是母乳喂养。母乳喂养的过程满足了宝宝爱的需求。

母乳营养丰富，含有蛋白质、矿物质、脂肪酸、氨基酸、乳糖等婴儿成长发育所需要的全部营养，并且配置得刚刚好，有利于孩子吸收，而且不容易因为吃多而影响消化。母乳中含有多种抗感染的因子，如免疫球蛋白、补体、溶菌素及抗发炎与免疫调节因子等，能够提高婴儿的免疫能力。

妈妈选择母乳喂养的好处，不仅在于母乳促进了宝宝的身体健康，还在于母乳喂养方式有助于宝宝建立对妈妈的信任。哺乳的时候，妈妈用手环抱宝宝，让宝宝的头部紧贴妈妈的胸口，宝宝嘴里含着奶头，眼睛注视着妈妈，妈妈用温暖的、慈爱的、专注的眼神回应宝宝，不停地抚摸宝宝。宝宝感受到了爱，对温暖、

安全及爱的需求得到满足，缓解了宝宝与生俱来的对生命的紧张感，增强了宝宝生活在这个世界上的信心。

当宝宝玩累了、渴了、饿了、想睡觉了、烦躁了、苦恼了、委屈了、不舒服了，妈妈都可以用母乳来安慰宝宝。这种安慰方式，能够及时缓解宝宝的情绪，宝宝会觉得妈妈理解自己，很在意自己，同时他们也会很在意妈妈。

母乳喂养的过程对宝宝来讲是一个被妈妈爱、接纳、包容的体验，这会深深印在宝宝的潜意识深处，宝宝将来的人际交流模式会是安全的、开放的。而很多没有经历母乳喂养的宝宝，在长大后，很容易在交往、人格等方面出现问题。

吸吮动作对于一个飞速成长的宝宝而言是一种必需的镇静剂。那些断了奶的宝宝会利用其他物品来满足自己的吸吮需求，比如，奶瓶、安抚奶嘴、手指、头发等。母乳喂养其实是教会孩子在遇到困难时，从人那里找到安慰。而断了奶的孩子则需要从物品那里寻求解脱。

2. 3 岁前，及时满足不怠慢

著名的心理学家阿达丽说："1 岁前的宝宝，是建立对身边养育者的信任和亲密感的关键时期，延迟的感觉对这个阶段的宝宝而言，次数多了影响不亚于心理的创伤。延迟满足应该是对 3 岁以上的宝宝进行训练的内容，而不是对这么小的宝宝！"

尤其是襁褓中的宝宝，他们需要从父母那里获取生存下去的勇气，对这个世界充满信心。这样的力量来自父母对他们最为及时地关照。

宝宝哭了，立马跑过去安慰，或者隔一段固定的时间，就看看宝宝是否尿了。妈妈千万不要觉得刚出生的宝宝什么都不懂，哭几声、饿一会儿没什么的。事实完全不是这样的，因为宝宝哭泣除了饿了、尿了、病了，还可能是在寻求父母的抚慰，以验证父母的爱。

在夜间，如果妈妈有条件和宝宝睡在一张床上，不但有利于喂奶，也能增进宝宝对妈妈的信任。对于较小的宝宝，妈妈让他含着奶头睡觉，都是允许的事情。有的家长觉得让宝宝和父母睡在一起，不利于宝宝独立；对宝宝照顾得太及时了，也不利于宝宝自立，实际并非如此。

宝宝出生后，他的生理需要获得及时满足，能够让宝宝和妈妈及时地建立一定的联结，宝宝会明白：我生活在这里是安全的，妈妈很爱我，会及时帮助我解决问题、排除烦恼，我不用怕什么!

还有的妈妈，觉得宝宝吃饱了喝足了，就没什么问题了，宝宝哭就让他哭吧，哭一会儿就好了，于是就去做自己的事情了。妈妈这么做也不恰当。宝宝哭泣，可能是因为想妈妈了，需要妈妈的抚慰。这个时候，妈妈最好安静地坐下来，一边抚摸宝宝，一边跟宝宝说："哦，宝宝想妈妈了！妈妈陪你!"妈妈可以抱起宝宝，跟他逗逗、说说、笑笑、运动运动。妈妈的回应会让宝宝觉得自己没有被人忽视，心里就踏实了。

孩子一两岁的时候，很多妈妈苦于一个人无法离开宝宝去做其他的急事，其实如果准备充足，也是没有问题的。比如，到了给宝宝喂奶的时间，就准备好湿巾、卫生纸、水、书、手机、一些小玩具等，宝宝哭泣的时候，妈妈就可以很及时地回应宝宝的需求，宝宝就不会承受"被怠慢"的苦痛了。

3 岁以前的宝宝，妈妈可以尽可能地满足孩子的依赖感，这样宝宝才会有充分的安全感，到了该独立的时候，就能自动地走向独立。一般来说，3 岁是培养宝宝独立的关键期，宝宝能做的事情，妈妈就让宝宝自己去做好了。

宝宝有被遗弃感

在公共场合经常听到妈妈对宝宝说："回家不回家？不回去，我走了，把你一个人扔这里。""要是知道你这么不听话，当初我就不要你了。""再不听话，就让警察叔叔把你带走。"妈妈说出这些话的时候，是想镇住宝宝，使他们安静下来，但却没有注意到，在她们说这些话的一刹那，宝宝眼神里掠过的惊恐。宝宝是在担心："妈妈不要我该怎么办呢？"

为何宝宝最怕被遗弃

生理需要、安全需要、归属于爱的需要，是每个人的基本需要，对于尚未独立的孩子来讲，他要依靠父母来实现这些需要，没有这些需要他的生命就无法延续，因而他最怕失去父母和父母的爱，也就是被遗弃。

那种担心父母不爱他、会抛弃他的感觉，就是被遗弃感。当他感受不到父母的爱意和关注，就惶恐和不安，被遗弃感就来了。

宝宝产生被遗弃感，整日处于担心、害怕中，会影响身心发育，危害并不亚于真正被遗弃。比如，有的孩子患上了"心理矮小症"，有的孩子患上了"儿童缄默症"。

儿童的"被遗弃感"来自两方面：一是来自母亲，二是夫妻关系对孩子的影响。

如果妈妈陪伴在宝宝身边，当宝宝有什么需求的时候，及时出现在宝宝身边，满足宝宝饿了、渴了、换尿布、排便等的生理需要；宝宝寂寞了，妈妈就过来陪宝宝一起玩，跟宝宝说说话，和宝宝一起表演个小游戏等。这样，在 1 岁前，宝宝基本能够建立起坚固的信任感。宝宝感觉到自己被妈妈深深地爱着，就不会有被遗弃感。

宝宝在心理发育的过程中，需要一个踏实、稳定的环境。如果父母关系不好，经常吵架，势必会把不良的情绪投射到宝宝身上，宝宝失去了周密的照顾和亲切的关爱，就会产生不安全感和不信任感。一旦爸爸或者妈妈不在身边了，他就会患得患失，产生一种被爸爸或者妈妈遗弃的焦虑、紧张、害怕的感觉。这样的宝宝不但现在内心不踏实，即使长大后内心也会有阴影，表现在社会交往中不懂得遵循正常的交往规则，对自己和他人都缺乏信心，性格孤僻，难以驾驭人际关系，对生活的看法容易悲观等。

有的宝宝经常表现出神情忧郁、心事重重、夜间哭闹、和父母分别很难的情况。这样的宝宝大多生活在一个不稳定、不和睦的家庭里，父母脾气不好，不懂得互相尊重，动不动就吵架，致使宝宝有了被遗弃的感觉，担心父母一离开就见不到了。他密切观察父母的行动，只要父母有离开的倾向，他就会大哭、大闹。

□ 让宝宝觉得：父母永远爱我

父母如果能让宝宝觉得父母永远爱他，那么，即使父母偶尔吵架或者离开，再或者教训了宝宝，宝宝也不会产生被遗弃感。

1. 让宝宝充满期待地降临

如果宝宝生活在一个幸福的家庭，那么情况就完全不同了。我们一起看看下面这个案例。

娟娟出生在一个非常幸福的家庭，爷爷奶奶相亲相爱，父母是经历了大学四年、工作两年的爱情马拉松后，在达到了相知相爱的程度才走进婚姻殿堂的。

他们婚后没有急急忙忙地要生宝宝，而是适应新的家庭生活，彼此相互理解、相互包容，然后才决定要宝宝的。宝宝出生后，如他们所期待那样从没有因为生活变得忙乱而吵架。

妈妈的孕期过得非常平静而快乐，她经常听音乐、读书、和闺密聊天、散步，祈祷自己的宝宝聪明、健康。

娟娟是在全家人期待的目光中降临到这个小家庭的。娟娟出生以后，妈妈陪伴了她两年。妈妈亲自照顾她的饮食起居，陪伴她玩耍。即使在她 1 岁开始学走路的时候，到处探宝，把家里弄得乱糟糟的，妈妈都没有呵斥过她一句，总是很耐心地跟在后面，微笑着为她打扫战场。

娟娟是吸吮着妈妈的甜美乳汁长大的。每次喂奶的时候，妈妈都会用干净的布把乳头擦拭干净，然后很庄重地抱起娟娟，让她的头冲着妈妈。娟娟一边喝奶，一边注视着满脸爱意的妈妈，心里美极了！

在娟娟心里，妈妈是那么爱她，即使她做了坏事，妈妈都不会嫌弃她。

每天睡前，妈妈都要给娟娟讲故事，故事里的人物留在娟娟的大脑里，让娟娟了解到这个奇异的世界是多么丰富多彩，多么令人憧憬。

娟娟 2 岁的时候，妈妈对她说："妈妈要去工作了，你每天和奶奶在家里，等待太阳落山的时候妈妈回来！"娟娟虽然哭闹了几次，但是很快就明白了"妈妈去上班了，会准时回来。妈妈永远爱我，永远不会不要我"。

像娟娟这样的宝宝，生长在一个幸福的家庭，内心的幸福感很强，能够轻松应对生命成长经历的每个阶段。他们信任感建立得好，就不怕分离，就不会因为一时的困难而产生过大的情绪波动，以至于精神压抑。

2. 不给宝宝脸色看

平时，父母不管心情多么不好，都不要给宝宝坏脸色，也不要用遗弃来吓唬宝宝，即使是开玩笑都不要。否则，一旦引起宝宝心灵深处的害怕遗弃之感，就会使宝宝的心理受到伤害。

3. 不骤然离开

当妈妈不得不和宝宝分离的时候，分离前要在精神上做好准备。较好的办法是和宝宝玩一些相关的游戏，如玩"妈妈出差去"的游戏，通过扮演角色、模拟出差过程，让宝宝在心理上有所准备。有些父母由于害怕宝宝哭闹，常常悄悄离开，然后再让其他亲友对宝宝说明真相，这种方法是不足取的。

宝宝为何讨厌爸爸

田田1岁半，和妈妈、爷爷、奶奶相处得都很愉快，但特别厌烦爸爸。只要看到爸爸就特别烦躁地想让爸爸走开，并会发脾气或哭闹。有一次吃饭，爸爸小心地给田田夹了块肉，他又哭又闹，要不是爸爸反应快，碗就被他摔地上了。

每当爸爸要抱他，田田就边叫边打挺，如果爸爸还不放下，他就会狠狠地抓挠爸爸的脸。爸爸很生气：自己那么喜欢宝宝，他为什么这么烦自己呢?

爸爸在子女养育方面有重要作用

当爸爸们在宝宝那里没有享受到和妻子一样的待遇的时候，不要沮丧，先耐心回答下面几个问题吧!

（1）你每天都在宝宝没睡着前回家吗?

（2）你会帮宝宝换尿布、冲牛奶吗?

（3）每天专心陪宝宝玩的时间有没有1个小时?

（4）你有为他讲故事、陪他散步或玩球吗?

（5）你常常抱他并且跟他说话吗?

（6）孩子哭个不停时你会耐心地哄他吗?

如果这6个问题，你的答案都是否定的，那么说明你眼下并不是一个尽职的爸爸，或许你根本不懂爸爸在孩子成长过程中的重要作用。

美国一项最新的研究成果表明，父亲带大的孩子，智商更高些，他们在学校会取得更好的成绩，到社会上也更容易成功。教育专家们同样认为，父亲在教育孩子方面有更强的目的性。他们一般会有计划地培养孩子某些方面的品质，注意发展孩子某些方面的才能，而母亲恰恰缺少这些。在开发智力、传播知识方面，父亲的知识面相对要比母亲广博，天文、地理、历史、生物都能说出个一二三来，能让孩子眼界更开阔。在培养日常的生活习惯方面，父亲更能教育孩子自立、自理，勇敢地面对一切，自己的事情自己做。总之，父亲采取的教育方式，一般是鼓励孩子自己动手动脑去做事情、处理问题。

有研究证明，如果在出生5个月左右，父亲经常和婴儿一起玩，婴儿的眼睫毛反应会很快，不会出现常见的迟缓现象。这样，当小虫或异物接近眼睛的时候，睫毛的反射神经就会立刻作用，挡住对眼睛的攻击。这种敏捷性一般都是在和爸爸玩耍的过程中培养起来的，如果宝宝与爸爸交流不足，睫毛就不会常常眨动，比较迟钝，异物就容易进入眼睛里。

父亲的男子汉硬派作风，弥补了妈妈、女幼儿教师在养育、陪护宝宝时缺少的阳刚之气。当妈妈限于给宝宝讲故事、背歌谣的时候，爸爸能够把脑海里的探险、狩猎、赛车、奔跑等知识传授给宝宝，扩大宝宝的知识面。

妈妈一般比较勤快，在一些小事情上主动性更强，与之相比爸爸就显得思维积极手脚懒惰了，他们常常鼓励孩子自己动手、大胆尝试。爸爸性格直爽，宝宝有了什么缺点，会严厉地指出来，让他改正，非常有利于宝宝形成宽严有度的性格。

爸爸习惯于把宝宝带到户外，一方面拓宽了宝宝的视野，另一方面锻炼了宝宝的体力。爸爸带宝宝到户外，踢足球、放风筝、捕捉蝴蝶、抓知了、玩沙子、堆雪人……玩得既轻松又尽兴。这样的亲子活动，既增进了亲子感情，宝宝的智力、心理素质也获得了最大程度的成长。

■ 尽职尽责，别荒废了你的角色

不管宝宝有多么不喜欢爸爸，爸爸都不能从育儿角色中抽身。实践证明，爸爸带大的孩子，或者享受到了充分父爱的宝宝，长大后性格开朗、头脑灵活、身体健壮、充满活力。

1. 做爸爸，先足够爱妈妈

小宝宝一般都跟妈妈更亲，且不说妈妈十月怀胎的辛苦，单是哺乳期的四目相对，那份亲密感情就是其他人无法比拟的，包括爸爸。这就是为什么爸爸和妈妈有分歧，宝宝会向着妈妈的原因。

有的时候，即使夫妻关系很好，偶尔也会有吵架行为，即使这种吵架只是因为家庭琐事，不会影响夫妻感情，但是宝宝看到了，也会很伤心。他担心爸爸妈妈分开、爸爸妈妈不要他了，所以，爸爸妈妈吵架后，宝宝会大哭大闹，有的宝宝还会发呆、焦虑。

为了让宝宝深切感受到这个家庭是个牢固的集体，爸爸妈妈和宝宝永远不会分开，爸爸妈妈除了在吵架的时候要避开宝宝，平时，在宝宝面前可以有尺度地表现得亲密一些，比如拥抱一下、相视而笑、拉拉手、一家人做游戏、开开心心地吃饭等。通过这些简单的日常小事，宝宝能够体会到爸爸是爱妈妈的，就喜欢爸爸了。

2. 多陪陪宝宝

宝宝不喜欢爸爸，怎么办？宝宝出现这种异常现象，与生活的环境和家长有关系，应从爸爸身上找原因，他是否对宝宝太严厉或太冷淡了，导致宝宝不喜欢他。

当下，爸爸工作似乎都比妈妈忙，照顾宝宝的任务更多地落在了妈妈身上。有的家庭，宝宝在襁褓中的时候，爸爸甚至都没有抱过宝宝，宝宝的安全感只建立在妈妈身上，或者说和爸爸的关系建立得还不够牢固，以至于不能和爸爸建立良好的亲子关系。爸爸妈妈要想改善和宝宝的关系，就要消除掉宝宝人格里质疑的成分，让宝宝充分信任爸爸妈妈，能够积极主动地和爸爸妈妈建立良好的关系，而不是不接纳爸爸的爱。

爸爸要多抽出时间陪陪宝宝，以宝宝喜欢的方式和宝宝亲昵、互动，以便让宝宝切切实实体会到爸爸的爱。

3. 温柔地对待宝宝

有的爸爸觉得自己是男子汉，面对小宝宝不好意思温柔，于是就用一些“来劲”的方式和宝宝亲昵。比如，一见面就用力拧他的脸蛋、揪他的耳朵、捏脖子、打屁股；在宝宝玩得正高兴时，突然抱起他紧紧地搂着，宝宝便烦躁地拼命挣脱；宝宝睡得正舒服，趴下就用胡子扎宝宝；张嘴就是“臭小子”“臭宝贝”，弄得宝宝不知道爸爸是喜欢自己还是不喜欢。还有的爸爸为了显示自己当爸爸的威严，就没有对宝宝笑过……

3 岁前宝宝的身体和皮肤都很娇嫩，爸爸要小心跟宝宝接触，要保护好宝宝的身体和皮肤，抱孩子要轻，和他讲话要温和。与宝宝互动的时候，要先征求宝宝的意见，这样宝宝才会觉得爸爸重视自己，才愿意接受爸爸的照顾。

4. 不要显得不耐烦

宝宝的感觉非常灵敏，爸爸和宝宝玩耍的时候，千万不要表现出不耐烦的神情，也不要把工作中的坏情绪带到家里来，那样的话，宝宝就会觉得爸爸并不喜欢他，爸爸并不愿意接受他，他是不被爸爸喜欢的，就无法建立起内心的安全感，自然就不愿意跟爸爸玩耍了。

第二章

关键期， 接纳宝宝的成长方式

宝宝乱扔东西

小明在外边玩耍，热了，把背心脱下来，玩着玩着，背心找不到了。妈妈纳闷，这个孩子没走多远啊，难道被风刮走了？再仔细找了一遍，原来小明把背心塞进了水壶里。

哎！妈妈叹气。这个孩子一天到晚不停息，不是把东西从高处扔下来，就是钻进沙发底下探宝，要不就把书一本一本地从书架上往外拽，搞得乱糟糟的。有一次，还把爸爸的手机从床上扔到了地上。

空间敏感期

神经解剖学家马利安·戴蒙德在他的《思想的神奇之树》一书中，强调了空间训练的重要性。比如丢沙包的游戏，就可以同时刺激生理和情绪。他指出，空间智慧“是一种最切实际的能力”。

从0岁开始一直持续到6岁，都是儿童空间敏感期。儿童进入空间敏感期后，就开始了他的探索之路。偶尔一次扔或者拨拉，让他发现这一物体和那一物体是分离的，有距离，于是，他频繁地把一些东西从高处拨拉到地上，从这里扔到那里，然后寻找，让大人给捡起来，再到处扔。

在这个过程中，宝宝意识到了自己有力量把一个这么大的东西从高处移动到低处，于是遇到他不喜欢的物品的时候，宝宝就会扔掉，遇到他喜欢的物品的时候，他会主动把这个东西拿到自己觉得安全的地方。所以说，宝宝扔东西的过程也是一个自我了解、自我意识成长的过程。

进入空间敏感期的宝宝，行动简直是给大家捣乱。只要是他们够得着的高处，就要爬上去，才不考虑危险不危险；只要是他们能钻进去的空间，就要挤进去。攀爬、跳跃……宝宝的身上就像安装了发动机，有使不完的劲儿。

有的妈妈为此苦恼，因为每天跟在宝宝后面太累了，需要紧绷着神经照顾宝宝，生怕宝宝摔了、碰了，更有甚者，找条绳子把宝宝拴上，这样就不用担心宝宝出事了。

妈妈限制宝宝运动，是一种非常愚蠢的行为。宝宝的思维和行动是一体的，抑制宝宝的活动，等于在拖宝宝成长的后腿。宝宝的每一“动”，都是一个学习的经历，都在满足他成长的需要。

宝宝进入了空间的敏感期，他的所作所为都是在了解物品和空间之间的关系，并建构空间概念、空间智能。宝宝活动的空间越广阔，将来掌握空间概念、发展几何的能力就越强。当他抛撒、移动物体的时候，妈妈不要制止，因为宝宝在通过移动物体的位置感知空间；当宝宝不停地到处攀爬时，那是宝宝在通过物体的运动探索空间。

宝宝大概从 10 个月以后扔东西的兴致变得更强烈，此时，宝宝进入了大动作和小肌肉发展的关键期，也是发展感知觉的敏感期。妈妈要多引导宝宝做一些“扔”“捡”“掏”“跑”“跳”“抓”“拿”等动作。宝宝处于思维的直观行动阶段，扔东西非常利于其感知觉动作的发展。

在一次次摔、捡的过程中，宝宝对各种玩具的颜色、形状、大小等会形成很直观的印象，这丰富了他的大脑皮层。比如，妈妈买回来一篮子鸡蛋，宝宝觉得好玩，把脚伸进篮子里，吧唧吧唧把篮子里的鸡蛋全部踩碎。结果，脚却拿不出来了。这个过程，不但让宝宝明白了鸡蛋容易碎，还让宝宝记住了鸡蛋有蛋黄和蛋清；还让宝宝明白鞋踩在鸡蛋上，会把鞋弄脏。宝宝以后一定不会把脚往里塞了，因为他明白脚放进去就出不来了。

宝宝做了这样的坏事，妈妈不要打骂宝宝，但是一定要告诉他：“鸡蛋容易碎，不能磕、不能踩！”

宝宝对这个世界的认识，就是在这样一次次的探索中全面建立起来的。逐渐地，他们会懂得，易碎的东西不能碰，要小心，轻拿轻放；小的、轻的能扔得远，大的、重的就扔得吃力；圆的能踢不易拿，扁的好拿不能踢；等等。这些认知虽然宝宝没有对人表达，但是他的大脑已经记下了。

□ 带宝宝做一些“空间”活动

宝宝从9个月开始，手就开始有劲儿扔东西了，妈妈要多多和宝宝配合，多玩一些空间游戏，这对提升宝宝的空间智能大有好处。

1. 投掷

妈妈准备一个沙包，然后在一定的距离内摆放几个又高又轻的空饮料瓶，让宝宝玩投掷瓶子游戏。妈妈先给宝宝示范，看怎样扔沙包能把瓶子击倒。宝宝投掷的位置到瓶子的距离要和宝宝的力气相当，以宝宝能够投掷到为准。

投掷活动不但可以发展宝宝手眼协调能力，还可以慢慢让宝宝对物体处于运动状态及发生的结果有逐步的估算和把握能力。这种提高平衡能力的自然方式，将增强宝宝的安全感。

2. 攀爬

出去的时候，宝宝喜欢从低矮的人行道上往下跳；不走正路，喜欢走马路牙子；有的时候，走着走着还会爬一段；哪里有坑坑洼洼，甚至有积水，他会往哪里踩……妈妈不要阻止宝宝，要支持宝宝全方位使用他所有的感觉系统去感知空间、探索空间。这样可增强宝宝的判断力，以便于他将来做与自己的能力相匹配的事情。

3. 玩皮球

皮球是宝宝的重要玩具之一，也是宝宝探索空间最好的玩具。圆圆的皮球滚来滚去，宝宝要比它速度快才能抓住。放到高处，皮球就会顺着坡度滚下去，遇到障碍物还会弹回来，改变前行的方向，这使宝宝又增加了新的认识。球类玩耍的形式有拍皮球、踢球、弹球、扔皮球等。

4. 捡豆子

妈妈弄豆子，不要怕宝宝玩。给他一个容器，让他自己玩。当宝宝将豆子撒到其他地方，观察豆子“啪啪啪”落地的情景时，他的脑海里就有了“撒”“迸溅”这些概念、形象。

5. 摆垫子

家里的沙发垫子，也可以成为宝宝发展空间智能的玩具。别看就那么几个垫子，玩法也很多，摞起来、平放着、竖排着，怎么码放更整齐，怎么码放不美观？不管宝宝怎么玩，妈妈都不要打扰宝宝。通过这些玩法，宝宝会发现空间形状并感知序列；通过错误对应和正确对应的比较，宝宝可掌握空间概念，为将来学几何打下良好基础。

宝宝抢着自己做

1~3 岁的宝宝，什么都抢着做，不管自己能不能胜任。出门去玩，他要自己戴帽子，如果妈妈为他戴上了，他会哭闹着摘下来，煞有介事地重新戴一次；宝宝看到奶奶包饺子后，过几天，要和面给爷爷“包饺子”吃；妈妈给宝宝洗脸，他会甩开妈妈，伸出胖乎乎的小手自己洗。

这个年龄段的宝宝，神经系统、小肌肉发展不够完善，不能完成较复杂、较精细的动作，那么宝宝要做事的时候，妈妈是否要阻止呢？

1 ~ 3 岁， 自主性发展的关键期

心理学家埃里克森把孩子的心理发展分成几个阶段，其中 1~3 岁是自主性发展的关键期。他们会抢着自己穿衣、吃饭、穿鞋、倒水什么的，如果父母给了孩子机会做，在这个过程中，孩子能够逐渐学会生存技能，增强适应社会的本领，会有很强的自主性。

从 1 岁开始，宝宝会抢着做事。吃饭的时候，他会抢勺子，用手指触碰饭菜，抓起来往嘴里放，如果父母不让宝宝做，他就会哭闹。如果宝宝坚持要自己吃饭，父母就要给宝宝这个机会，这样，宝宝才能学会吃饭，感受到自己的能力。为了让宝宝掌握吃饭的技能和规则，妈妈要教会宝宝如何拿筷子、用勺子、怎么夹菜、怎么坐在餐桌前。这样，宝宝既学会了怎么吃饭，掌握了社会规则，也因为获得了自己吃饭的机会而发展了自主性。

像穿衣、吃饭、排便、出去玩之类的事情，宝宝想自己做的时候，妈妈只需

告诉他正确的做法，不要太在意做好做坏，宝宝是在做的过程中成长起来的。妈妈适度放手，让宝宝自己去做，有利于锻炼宝宝控制肌肉的能力，使宝宝了解其能力大小和范围，增强宝宝控制外部世界的能力。

这一阶段自主意识的发展对宝宝以后的成长具有重要影响。自主性发展较好的儿童，在他以后的生活中就会表现得比较自信，会积极主动地掌握自己的命运，不怕困难，敢于挑战。

如果妈妈处处管着宝宝，宝宝从小失去了锻炼自主能力的机会，就会依赖性强，缺乏果断性，对自己的能力缺乏足够的自信。

1~3 岁宝宝自主意识发展的好坏，对孩子未来的健康发展至关重要。作为对孩子个性、品质发展最具影响力的妈妈，如何引导孩子显得至关重要。

◘ 支持孩子自主自立

心理学家皮亚杰说："心理发展源于动作，动作产生认识。"也可以说，宝宝是通过腿和手这两个器官的动作来认识世界的。家长支持他的行动，他获得的认识才越多，心理发展才越迅速。

1. 珍惜幼儿自我独立性意向

心理学家指出：当幼儿独立活动的要求得到某种满足或受到成人支持时，幼儿就表现出得意、高兴，甚至出现"自尊""自豪"等最初的自我肯定的情感和态度，否则就出现否定的情感和态度。

1~3 岁的宝宝，尽管独立意识已经萌发，但由于各项能力的发展并不能完全达到他自己想达到的水平，所以还需要成人的帮助和指导。吃饭的时候，宝宝不好好吃，对餐桌上的碗筷很感兴趣，妈妈不要命令宝宝"赶快吃"，更不要吓唬孩子"不吃就给别人吃了"，要耐心地跟宝宝说："先吃饭，吃饱了玩起来更开心！"然后根据宝宝的水平决定提供一定程度的支持。宝宝可能在开始独立进餐时并不知道怎样拿勺，怎样往嘴里放，父母可以将吃饭的动作分解，一步一步地教给宝宝。妈妈最好一边做动作，一边解释，这样有助于宝宝掌握。

上楼梯的时候，宝宝不让抱，想自己走，父母不要嫌弃宝宝走得慢，就让他自己走好了！更不要走到高处呵斥孩子"快点"！著名教育家蒙台梭利主张，在针对宝宝的教育活动中，动作一定要慢，要分解。也许一般人看起来有些夸张，但对宝宝是非常必要的。

妈妈尊重宝宝刚刚萌芽的自主意识，给予他们独自做事的空间，宝宝的自主性才会生根发芽，才能逐渐成为自信、自立、勇敢、向往自由的快乐宝贝。

2. 不要过度保护孩子

蒙台梭利说："不必要的帮助就是对儿童的压抑。"压抑了宝宝的天性，宝宝就会变得畏首畏尾、懦弱、不自信。妈妈缩回自己伸出去的手，等待一会儿，你就会有奇迹般的发现。那就是，小家伙有办法着呢！而那些早早做出了保护性行为的妈妈，其实是在轻视孩子的能力。

心理治疗专家希高说："家长和教育者对孩子的看法至关重要。要做出坚定的保护者的姿态，因为这会使孩子得到安慰。对孩子肯定的、和善的目光是十分重要的。这个年龄的孩子，当感到被轻视、被人嘲笑或者被人羞辱时，会深深地感到自卑。"但是，这里说的保护不是替孩子做事，而是精神上的信任、鼓励、支持。在这方面，我们不妨学学伟人妈妈的做法。

一个 1 岁左右的小男孩，被年轻的妈妈牵着小手来到公园的广场前，要上有十几个阶梯的台阶了。小男孩却挣脱开妈妈的手，他要自己爬上去。他用胖胖的小手向上爬，他的妈妈也没有抱他上去的意思。当爬上两个台阶时，他感到台阶很高，就回头瞅一眼妈妈，妈妈并没有伸手去扶他的意思，只是眼睛里充满了慈爱和鼓励。小男孩又抬头向上瞅了瞅，他放弃了让妈妈抱的想法，还是手脚并用小心地向上爬。他爬得很吃力，小屁股抬得老高，小脸蛋也累得通红，一身娃娃服也被弄得都是土，小手也脏乎乎的，但他最终爬上去了。年轻的妈妈这才上前拍拍儿子身上的土，在他通红的小脸蛋上亲了一口。

这个小男孩长大后成了美国最伟大的总统之一，这个小男孩就是林肯，年轻的妈妈是他的母亲南希·汉克斯。

做妈妈的，放下帮助孩子的手，就是给了孩子一次成长的机会。克制住自己的"爱心"，做一个真正帮助孩子成长的好妈妈吧！

宝宝爬来爬去，脏吗

有的妈妈说，看着宝宝趴在地上爬来爬去，感觉可真脏，夏天衣服穿得少，腿上、手上经常被石头硌到，弄得红一块青一块的，看着很心疼。于是，就早早把宝宝放进了学步车里，有意识地训练他行走，宝宝没像别的宝宝那样爬很长时间就会走路了。

减少宝宝爬行的时间，让宝宝尽快走路，这样做妥当吗？是否值得效仿呢？

爬和感觉统合能力

那些没有经历过充足爬行练习的宝宝，长大后多数患上了感觉统合失调症，如视听、视动、听动失调等。上学后主要表现为注意力不集中、写字歪歪扭扭、写作业速度很慢、不能完成一些精细动作、身体协调性较差、听不清老师布置的学习任务等。

宝宝成长过程中，每个阶段的动作都有它自己要开发的功能，爬行也不例外。宝宝爬行的时候要用到身体各个部位不同的肌肉群，比如颈部肌肉、躯干肌肉、四肢肌肉等。

爬行的时候，宝宝要抬头，并左右转动头部，需要胳膊及手腕的力量支撑整个上半身，胳膊挪动的时候，下肢、各种感官要配合好，才能灵活前行。这一连串的动作既锻炼了宝宝的全身肌肉，也锻炼了宝宝的协调能力，促进了宝宝神经系统的发育。

宝宝爬熟练后，爬行的速度快了，就能够靠着爬行这种自己的力量去实现更高的目标，这有利于宝宝认清自己的能力。在朝目标爬行的过程中，宝宝非常明白自己在哪里，要去哪里，如何避开障碍物，如何抢在别人的前面等，这些良性刺激可促进宝宝空间智能的发展，有助于宝宝抽象概念的形成，将来有益于数理学习。

宝宝在爬行的时候，全身各个部位都动起来了，能让全身的神经元连接起来，爬行的时间越充分，左右脑的神经元连接得越多，大脑神经系统越能得到充足的发展，宝宝的理解与记忆能力越强。

爬行除了能够刺激宝宝的身体和智力发展，还能让宝宝过得比较快乐。对宝宝来讲，探索世界是最快乐的事。而爬行提供了生命早期主动探索和尝试独立的机会，在实际接触周围的环境、事物以及人的过程中，可促进宝宝认知能力的发展，有助于宝宝学习生活上必需的技巧，激发不同层次的思考，积累丰富的生活经验。

对宝宝来讲，爬行比走路要容易，由爬而坐的动作也比较轻松，会爬的宝宝爬一会儿便拿到自己要的物品，然后坐下来玩，很随意很舒适。

爬行虽然利于宝宝成长，但是不能因为爬就不鼓励孩子行走了。一般情况下，婴儿从6~9个月的时候开始会爬，婴儿期至少要爬够6个月，一岁零几个月就可以步入下一个成长阶段——行走，这是符合宝宝成长规律的。

◘ 引导宝宝爬起来

为了让宝宝少受摩擦之伤，妈妈最好给宝宝穿上连体服，这种衣服的上衣和裤子形成一个整体，盖住了腰部，爬的时候不会暴露腰部和小肚子，也不会导致裤子掉下来、上衣掀起来，也没有那么多扣子，宝宝爬的时候利索，趴下时也不会弄痛身体。

宝宝有了爬行的意向后，妈妈就要给宝宝选择场地了。小宝宝不懂什么是危险，所以场地的选择要以安全为宗旨。

刚学爬的时候，最佳场所是床上，刚开始宝宝是利用腹部向前蠕动的，柔软的床不会伤害到宝宝的皮肤。妈妈可以先让宝宝趴在床上，宝宝自动就抬头了，教宝宝用双臂支撑身体，然后在宝宝面前放上一个物品，妈妈在后面用手掌托着宝宝的小脚，帮助宝宝移动双腿向前行。

宝宝会爬以后，可以让他在木地板上爬行。地板要比床宽阔、容易移动，宝宝可以一边爬一边玩玩具。但是地板周围有各种隐患，妈妈先要处理妥当。

妈妈要先仔细地搜查一遍小物品，比如钉子、硬币、扣子、药片、小线绳、钥匙等，都不能出现；那些易碎的玻璃杯、烟灰缸等也要暂时收起来。另外，茶几、凳子、电视柜等的棱角部位要用海绵包起来或套上护垫。对于会爬行的横冲直撞的宝宝来讲，这些“危险地带”伤害可不低啊！

宝宝趴在地上寻找目标时，插板、插座、电线逃不过他们的眼睛，他们一定会伸手摸一摸。所以，最好换成防触电安全插座或者提前放到宝宝够不到、拉不下的位置，以防后患。

如果有条件，带宝宝去郊外的草地上爬行，对孩子来讲会是一件非常惬意的事情！在那里，呼吸着新鲜空气，听着鸟虫的叫声，看着飞来飞去的昆虫，还能接受日光浴，触碰自然界中的植物，宝宝的全部感知觉都被调动起来了，这大大促进了宝宝的智力发展。

日光浴帮助宝宝吸收紫外线，紫外线有很强的杀菌消毒作用，既可强壮体魄，又可增强自身免疫力，减少宝宝患感冒和其他疾病的机会。另外，在户外视野宽阔，活动空间大，宝宝体内的能量获得了自然代谢，非常有利于宝宝心理发育。

当宝宝不会爬或者不愿意爬行的时候，妈妈要找找原因。

（1）宝宝是不是太胖。如果宝宝比较胖，双臂支撑不起身体，就无法向前爬。

（2）剥夺了宝宝学爬的机会。妈妈整天让宝宝待在婴儿床里，或总是把婴儿放在推车里，或经常背在婴儿背带里，或大多时间让宝宝在学步车里度过。

（3）宝宝学爬障碍太多。让宝宝爬行的垫子太软，宝宝根本爬不起来；让宝宝爬行的地方太硬或地毯太磨人，宝宝害怕膝盖痛不敢爬；让宝宝爬行的地方太凉，宝宝不愿接受；给宝宝穿的衣服太厚重，使宝宝爬起来不方便，降低了爬行的兴趣等。

（4）宝宝对爬存在心理障碍。宝宝在初学爬时，心理肯定会有一定的恐惧感和迟疑感，尤其是碰到不确定的情况时，总是会抬头看妈妈的表情。如果妈妈不耐心，不鼓励宝宝，宝宝就不愿再爬行了。

宝宝的语言表达能力

圆圆3岁了，说话磕磕巴巴，除了“爸爸”“妈妈”，就没有清楚说出过别的字，更别提整句话了。在家里，她要是要什么东西，就用手一指，家人就给她拿去。遇到比较复杂的需求，表达不清楚的时候，急得两手直比画，就是表达不出来。妈妈看着她就着急，想不明白她的嘴怎么这么笨？带她到医院检查，才明白是怎么回事。

原来家长对圆圆过度保护和溺爱，要什么东西只需手一指就能得到，而错失了语言发育的机会。经过医生检查，圆圆的听力和神经系统都正常，但词汇量严重缺乏，已经属于严重的语言发育迟缓。

幼儿语言发展关键期

宝宝的语言发展遵循一个规律，1岁前是前语言时期，了解了说话是什么样。1岁到1岁半是单词句阶段，对言语的理解有了进一步发展，所能理解的语言大量增加，但是会说出的语言相对比较少。婴儿往往用一个词代表一个句子，因此这个阶段被称为单词句阶段。1岁半到2岁半进入多词句阶段，是宝宝积极的言语活动时期，随着词汇量的扩大，说话更主动。

专家指出，2~3岁是儿童语言发展的关键期和敏感期，错过了这个阶段，宝宝学说话将会变得迟缓。

宝宝从出生起，大人就要多跟他讲话，形成一种语言环境，1岁以内是宝宝的语言发育准备期。1岁以后，父母要有意识地培养宝宝说话，在做每个动作时都结合语言，更利于宝宝语言表达能力的提高。比如，抱宝宝去睡觉时，对宝宝说：“现在要睡觉了。”这个过程是教会孩子理解动作，最终内化成语言表达出来的重要方式。

日常生活中，父母要多刺激宝宝讲话。比如，宝宝指着橘子，表达出了要的意思。妈妈把橘子拿过来的时候，最好蹲下来让宝宝看到橘子，然后对宝宝说：“给你，橘子。”这样，宝宝既听到了声音也看到了大人的口形，模仿起来就比较容易。妈妈最好卖个关子，对宝宝说：“橘子。”当宝宝说出“橘子”这两个字后，妈妈就可以把橘子给宝宝了。

当宝宝对着玩具等物品自言自语的时候，妈妈应该高兴才对，因为宝宝在练习说话呢！6岁前，是宝宝语言发展的关键期。而2~3岁是宝宝口头语言发展的关键期，在这一阶段，宝宝对语言的听觉和模仿能力都非常强。错过了这个时期，大脑左半球掌管语言的区域没有获得充分发育，会造成宝宝语言发展能力缓慢或者停滞，有的一生都将难以弥补。

科学研究表明，一旦错过了关键期，就会造成宝宝心理上的某种缺陷，使脑部发育出现障碍。

进入口头语言发展敏感期的宝宝，无论是语言理解能力方面还是语言表达能力方面，都有了“爆炸式的发展”，能说出大量“三词句”，到了3岁，已基本上掌握了母语的语法规则系统，成为一个语言理解与语言表达能力已具相当水平的“语言交流者”。

宝宝特别想跟人沟通时，如果找不到合适的人，就会对着玩具说话。在宝宝的心里，身边的所有事物，都和自己一样是有生命的，能听懂他在说什么。所以，他才会跟玩具说得滔滔不绝。当宝宝开始跟玩具说话的时候，妈妈可以附和宝宝几句，从而把交流引导过来，尽可能地多向宝宝传递一些正面信息。

宝宝跟玩具说话，也暴露了一个问题，那就是父母跟宝宝沟通的时间不够。对着玩具说话的宝宝，常会发展成不愿或不会和他人交流的情况。虽然进入青春期后，这种情况会有所好转，但长大后仍然容易形成以自我为中心的性格。

如果发现宝宝经常对着小玩具、小动物说悄悄话，家长应该意识到他有交流的需要，要多和宝宝说说话，多带他外出活动，多去有同龄孩子的亲戚朋友家串门，让宝宝自己去沟通，享受交友的乐趣。

□ 创造语言发展的机会

宝宝的语言发展是个长期的过程，妈妈从小给宝宝创造一个好的语言成长环境，宝宝的语言理解能力、语言表达能力、语言创造能力都会很强。

1. 教宝宝重复记忆

发展心理学认为，儿童语言的发展不是一个自发的过程，而是在社会生活条件下，特别是在教育条件下进行的。

很多幼儿图书都配有图画，妈妈可运用这些图画，训练宝宝的语言思维能力。和宝宝一起翻开书，一边指着图片一边向宝宝讲解："母鸡带着鸡宝宝找小虫。""小白兔在吃红萝卜。""树上的小鸟在唱歌。"相同的内容，妈妈重复讲多次才有利于宝宝掌握，因为人的知识是大脑神经元连接的结果，当你重复知识的时候，这种连接会加强，最终成为永久的知识。

当出现某种情境，宝宝理解了，却表达不出来的时候，妈妈可以先说然后让宝宝模仿："阳阳想小姐姐了，来玩会儿。""阳阳咳嗽了，不能吃甜点！谢谢叔叔。"妈妈还可以开个头，接下来的话让宝宝说，这样就起到了复述说话和听过的故事内容的作用，让宝宝的大脑里多一些词汇、句子、情节。

儿歌、诗歌这些结合儿童理解能力、表达能力而创造的语言文本，多读一些，还能提高宝宝的思维能力。儿歌一般说来比较押韵，读起来朗朗上口，记忆起来比较容易。妈妈可以采用自己读一遍宝宝读一遍的形式，重复几次后，宝宝就有了初步的记忆。接下来每天重复读，宝宝自然而然就记住了。

2. 把家建设成良好的说话环境

近年来，大量研究成果表明：宝宝的语言能力发展在很大程度上依赖于家庭环境。而这种环境包括家庭成员的语言水平、文化修养、家庭藏书情况等。

家庭成员如果说话粗俗、词汇贫乏，必然会从负面影响宝宝。特别是和宝宝接触最多的父母，一定要注意提高文化素养，注意语言美，使自己的每一句话都能成为宝宝模仿的典型。父母一定要注意为宝宝创造一个讲普通话的环境，用规范化的语言来教导宝宝。父母说话时，首先应该做到让自己发音正确、词汇丰富、语言精炼通达、符合语法规范，即重视用标准的语言训练宝宝，加快宝宝学习语言的进程。

成人和宝宝说话是培养宝宝语言能力的重要手段。父母和宝宝说话时，要做到放慢语速、口齿清楚、声调温和亲切，不可用严厉的声调对宝宝说话，更不要恐吓宝宝，说些宝宝妒忌的话或者在宝宝面前讲他人的坏话；父母对宝宝说话时，要多用积极鼓励性的语言，避免使用消极的、负面性的语言，要多用提问的方式跟宝宝说话，少用命令的方式叫宝宝去做事。语言对宝宝的行为有强化作用，对好的行为，父母要多讲、多鼓励，对不好的行为，要尽量淡化，最好是少议论，或是从其他角度、从积极的方面和宝宝进行沟通。

3. 让宝宝多交流

如果宝宝小的时候没有进入小伙伴的群体，那么宝宝的语言表达能力相对就会较差。这是因为，宝宝在与同伴交流的过程中，大脑需要不断地思考“说什么”“怎么说”，在快速组织语言的过程中能够学会分析、综合、演绎、归纳等最基本的思维方法，思考的敏捷性和逻辑性会同步得到提高，进而促进大脑的发育与语言的发展。

遭遇秩序敏感期

一天，家里来了客人，房间很黑，为了方便大家聊天，妈妈把客厅的灯打开了。云云睡觉醒来，走进客厅一看灯亮着，非要妈妈把灯关上不可。妈妈跟他解释，说天太黑了，感觉不好，可云云就是不让，直到妈妈把灯关上了，他才不闹。

还有一天吃饭，爸爸太饿了，先坐到靠墙的一把椅子上，云云看到了，说什么也不上桌吃饭。妈妈说："你的小勺子、小碗都准备好了，你怎么不吃饭啊?"云云不吱声，哼哼唧唧要哭。这时，奶奶明白了："是不是你爸爸占了奶奶的座?"云云点点头，直到爸爸起来、奶奶坐到那里，云云才开始吃饭。

妈妈纳闷，这个孩子怎么这么矫情呢?

天生的秩序感

不是宝宝矫情，而是宝宝进入了秩序敏感期，处于这个时期的宝宝，内心的秩序感要求外部的秩序必须与之相符，否则宝宝会觉得不舒服、会感到痛苦，就会以哭闹强烈要求大人弄回原来的样子而抗议。内在的秩序感就是宝宝记得的上次见到某个物品、上次经历某个事件的状态。

宝宝天生喜欢井然有序的生活环境。他们需要父母从出生以后，就为其提供整洁、规则、文明的生活环境，这样才会符合他们的内在秩序感，他们才会感到舒服。如果父母没有配合宝宝，而是让宝宝生活在一个乱糟糟的环境里，那么宝宝在适应了一段时间后，就会觉得这种乱象才是应该维持的秩序。所以说，内在秩序感能够帮助宝宝形成一种有秩序的生活。

儿童的秩序敏感期呈现螺旋式上升的三个阶段：第一个阶段，为了秩序的破坏而哭闹，秩序一旦恢复就会安静下来；第二个阶段，为了维护秩序而说“不”，自我意识开始萌芽；第三个阶段，为了维护秩序而执拗，一切要重新来。

所以，当宝宝为了某件事情或者进入了一个新的环境而哭闹抗议的时候，妈妈不要妄下断言觉得宝宝在无理取闹，而要理解宝宝的心理需求，不要说宝宝霸道，也不要埋怨宝宝固执。宝宝这些对空间方位知觉发展的表现，反映了宝宝对空间秩序感的认识和体验，是宝宝提高感知觉能力必须经历的一个阶段，妈妈顺从宝宝就是对宝宝成长的支持。

◘ 培养宝宝好习惯

有秩序的环境令宝宝感到安全，因此利用宝宝维护内心认定的秩序倾向这一敏感期，培养宝宝建立有秩序的生活习惯，会非常容易。

1. 接纳宝宝的固执

宝宝年龄还小，思维是单维度的，所以宝宝的秩序感具有刻板性，会根据自己的经验认为秩序是不可更改的。加之 3 岁前宝宝的记忆时间短暂，他只记得最近的情况，如果最近吃饭的时候，他跟奶奶挨着坐，那么他就会忘记以前是和爸爸挨着坐的。如果他的旁边坐的不是奶奶，他就要喊叫，因为他要跟奶奶挨着坐。

妈妈当然不会记得宝宝眼中的世界，当宝宝有情绪波动的时候，只要放慢速度，注意观察和倾听孩子，搞清了宝宝的想法后，按着他的意思来，宝宝自然就接纳了。

2. 打造美好的第一印象

所谓环境影响人，环境造就人，原因就在于宝宝内心的秩序感需要环境保持最初的状态，他才会喜欢！

秩序感一旦形成，就让人产生身心愉悦的美感。如果宝宝经常感受的是井然有序的家庭环境，和和睦睦的人际氛围，整洁规则的周边小区，那么宝宝就容易形成追求文明、规则的美好心理。

当宝宝第一次吃饭就被要求使用餐巾纸擦嘴、不端着碗到处走、吃饭要端坐在自己的位子上不摇不晃；当妈妈从小就坚持每天睡前给宝宝洗脚；当妈妈要求宝宝进家门就要换上拖鞋，上床就脱鞋；当妈妈从小就要求宝宝玩过的玩具要放进玩具箱……即当妈妈在宝宝产生秩序感的第一时间培养宝宝一系列良好行为习惯时，只需一两句话就奏效了。而等宝宝很快接纳了杂乱无章的“秩序”后，即便妈妈每天唠唠叨叨都难以改正了，因为乱象也是宝宝内心秩序的一种。所以，尽早给宝宝一个良好的环境，有助于宝宝建立一种有秩序的生活。

3. 增强宝宝的灵活性

妈妈带朵朵去朋友家做客，朵朵看到主人家的花盆用铁钩吊在了阳台上面，便指着花盆说：“妈妈，拿下来，放到阳台地上。咱家就是放在阳台地上的!”妈妈说：“咱家习惯了放阳台地上，不是别人家都要放在阳台地上的。就像这个叔叔家，就习惯了吊在阳台上面。”朵朵明白了妈妈的意思，不再闹了。

妈妈多带宝宝出去走走，感受不同环境、家庭中的人、物、事，帮助宝宝认识到别人的“秩序”和自己的“秩序”可以不同，随着宝宝独立意识的增强，宝宝就能把“自我”与“他人”区别开来，到了哪里都能“入乡随俗”，能够快速适应不同事物和人物的“秩序”。

4. 支持宝宝帮物品归位

这个年龄段的宝宝做事的主动性特别强，当他发现什么东西不符合心中的秩序的时候，便要动手去做。但是，宝宝的身心发育有限，常常心有余而力不足，甚至还会把东西弄坏，把场面弄糟。

比如，想帮妈妈洗碗，却洗不干净，弄得到处都是洗涤灵；想把饮料箱子运到原来的位置，但是由于人小力气小，不但把箱子弄坏了，还搞得饮料瓶满地都是……出现这些情况的时候，妈妈不要觉得宝宝“碍事”或“笨手笨脚”，就让他按着心中的秩序去完成吧，这有助于宝宝形成规则生活的意识。

宝宝常常自言自语

佳佳3岁了，妈妈发现她越来越喜欢自己跟自己讲话了。玩芭比娃娃的时候，她自己对自己说；躺床上的时候，她也小声说着什么；有的时候，声音还很大，好像在训斥谁……妈妈有点儿担心，宝宝怎么回事？不和妈妈说话，却一个人在那儿说。

妈妈跟同事说起这事，同事说他们家的孩子也有过这么个阶段，也没怎么管自己就不说了。妈妈担心，如果宝宝一直这么说下去，情况会不会不妙呢？

自言自语， 是宝宝的说话游戏

妈妈大可放心，不到3岁的宝宝自言自语不是什么不好的表现，也不是心理异常，而是宝宝学习语言必经的一个过程。

人的语言有内部语言和外部语言之分，3岁前的宝宝以学习外部语言为主，随着年龄的增长其内部语言才逐渐形成。

宝宝的自言自语正是从外部语言向内部语言的一种过渡。外部语言是说出来的话，是人与人之间进行信息交换的音义结合的信息符号系统。内部语言是大脑思维的信息符号系统。内部语言活动是以外部语言为基础，并以生成外部语言为结果的信息处理过程。

一般情况下，宝宝从1岁就开始真正地说话了。这个时候的语言特点是思维活动立即用语言表达出来，做什么就说什么。比如，宝宝搭积木，边搭边说“宝宝搭高楼”“高楼有楼梯”；宝宝一边吃饭，就会一边说“宝宝吃饭”。

3 岁以后，他们的外部语言表达能力已经有了较好的发展。这时的宝宝和周围人的语言交流沟通已经不成问题了。从此，宝宝就向更高层次的语言能力发展了——形成内部语言。如果宝宝形成了内部语言，宝宝只是用脑想，不一定会出声，这个阶段宝宝的抽象思维能力、思维速度都有了很大的提高。

对宝宝来讲，外部语言就是说出来的话，内部语言就是思考的过程，宝宝的自言自语就是从外部语言向内部语言进行转化的一个过渡阶段。这个阶段宝宝还必须把自己心里想的内容用外部语言的方式讲出来，在自言自语中理顺思路。可以说，宝宝的自言自语，是宝宝的思维工具，是思维的有声表现。

我们会看到宝宝一边做事一边小声地嘀咕："放这里不行，就放那里，我让你不行，我把你扣过来！看你行不行！""小房顶找不到了？噢，在这里。""咦，小白兔的房子怎么这么小？没关系，我还有好办法。"仔细观察宝宝的表情，听听宝宝说什么，很有趣。

宝宝的自言自语实际上是一种创造性的说话游戏，在游戏中，主角是宝宝和他眼里的世界。在这个宝宝自娱自乐的游戏里，宝宝的语言能力获得了很好的发展。

宝宝自言自语时往往先要把自己想象成某种角色，然后按照这个角色的行为说话。比如，在玩玩具熊的过程中，宝宝可能会把自己想象成小白兔，和玩具熊说个不停。这个过程锻炼了宝宝的想象力，丰富了宝宝的思维。宝宝游戏中的语言可能是平时听到的他比较感兴趣的身边人说过的话，也可能是动画片、故事中的对话，还可能是宝宝语言经验的综合和创造。

所以说，这个过程能够促进宝宝语言发展的进程。随着年龄和能力的增长，宝宝大声的自言自语会变成小声的嘀咕，最后转变为思维过程中静默无声的内部语言。妈妈不要为此担心，不要觉得是什么病态。一般到 7 岁以后宝宝就不再出现自言自语了。如果此时还是不停地自言自语，根本不跟别人说话，妈妈则要考虑是不是心理方面的问题了。

◘ 尊重宝宝的自言自语

尽管自言自语是学龄前儿童的一种普遍现象，但它与孩子的性格特点、智能水平、性别等因素关系依然十分密切。平常比较孤独的孩子，一般自言自语比较少；经常自言自语的宝宝，表达能力较强，交际能力也比较强；自言自语比较多的宝宝，解决问题的能力也强，社会性发展比较快。

由此看来，自言自语是宝宝能力发展的一个过程。每位妈妈都希望宝宝有思想、性格好、有能力，而自言自语的过程都在这些方面促进了宝宝的进步。

举个简单的例子，宝宝在搭积木遇到难处时便会自言自语，这有助于帮助宝宝缓解急躁情绪，释放掉压力，耐心寻找解决问题的途径。有的时候，我们见到宝宝一边自言自语，一边拍打身边的玩具。这个时候，妈妈不要制止宝宝，要知道，宝宝在通过这个方式释放掉压力，让情绪更平静。所以说，自言自语对孩子来讲，是一种很好的促进成长的方式，既能刺激自己思考，也能丰富游戏、娱乐的方式，还能表达情感、经验与思维。

那么，妈妈应该怎么对待宝宝自言自语这个必要的成长历程呢？

1. 不要打断，倾听宝宝

当宝宝自言自语时，家长不要急于打断或者要求宝宝："自己想就行了，别嘟嘟囔囔的。""嘀嘀咕咕，干吗呢？老太婆似的。""烦死了，闭上嘴。"妈妈以讨厌的态度对待宝宝的自言自语，宝宝就会觉得这是一件不好的事情，就会强迫自己不出声，导致宝宝内部语言的进程拉长或者无法达到一个更高的水平，必然影响宝宝语言、思维、社会化进程的发展。

有的妈妈虽然不压制宝宝的自言自语，但是她置之不理的态度也不是很完美，因为她把宝宝的自言自语看作毫无意义的行为。如果妈妈留心倾听宝宝在嘀咕什么，比较有利于妈妈了解宝宝的所思所想，能及时给予帮助。

比如，宝宝表情很痛苦地说："奶奶不喜欢我了。""我做错什么了呢？"妈妈仔细听这些话，就能明白宝宝是因为奶奶回老家而焦虑。这个时候，妈妈就要告诉宝宝："奶奶回老家，是因为奶奶想念老家的朋友了，不是因为不喜欢宝宝了。过几天，奶奶就回来！"妈妈帮助宝宝解开心中的疑团，宝宝就会很轻松。

2. 不要特别鼓励宝宝自言自语

自言自语只是宝宝成长的一个过渡过程，随着宝宝的成长早晚要丢掉，为了防止固化成一种行为方式，妈妈也不需要特别鼓励宝宝自言自语。在这个过程中，妈妈过多的鼓励可能会阻碍宝宝自然进入内部语言的进程。

妈妈做什么，宝宝做什么

早晨起来，妈妈伸直胳膊，做了一个扩张运动，1 岁半的儿子看到了，也伸出小手举过头顶晃了起来。妈妈见了，他还冲妈妈笑笑。

到了晚饭时间，妈妈进厨房做饭。宝宝也跟进来了，妈妈拿勺子，宝宝也拿勺子，妈妈舀米，宝宝也舀米，在妈妈身边转来转去，妈妈纳闷，这个孩子怎么我做什么他做什么呢？

最让妈妈忍俊不禁的是，妈妈最近咽炎犯了，老忍不住咳嗽，宝宝见了，也学着妈妈的样子弯着腰咳嗽，这不明显是跟着妈妈学吗？

宝宝处于模仿敏感期

模仿是指宝宝重复原型所显示的行为，表明儿童的心智已经发展到可以领悟和掌握某行为背后的能力的阶段了。

模仿是儿童对自己身体行为上的一种确认，儿童可以停在某一种系列的动作中，然后将此动作重复出来，最终形成自己的能力。这种模仿是身体的、动作的模仿，是刚开始的模式，发展到后来，当然是对更抽象的事物的模仿。比如，语言的模仿、个人气质特质的模仿、风格的模仿……

最初的时候，1 岁多的宝宝，用模仿的方式学习，由于是非分辨能力较差，会看见什么模仿什么。如果有人口吐脏字，宝宝很快就能学会。当宝宝说出口的时候，妈妈不能认定宝宝是在学坏，此时的宝宝正处于无意识的学习状态，并不明白所模仿的语句的含义，只是觉得好玩才学会的。因此，妈妈不要从道德品质的角度去衡量这些事，而应教导并积极暗示宝宝“这种行为是不对的，宝宝不能说”。妈妈千万不要大发雷霆，这样不但不能解决问题，还会强化这种不良行为，宝宝不敢当面骂，会寻找机会偷偷骂。

在日常语言建设的敏感期，儿童模仿口语，练习口语，感觉语言的音韵，并不断重复使用语言，在使用中把语言内化。这是儿童学习语言的方式。家长或老师一定要注意自己的口头语言，要说文明的、规范的、准确的、富有美感的口语。

宝宝最初只是模仿一些简单的动作，模仿大人的表情，模仿大人的动作，父母炒菜，他也炒菜，父母扫地，他也扫地。与此同时，我们会发现宝宝还会经常性地重复父母的语言、表情，重复父母的某些特定行为。宝宝一步步地从模仿迈向独立。当宝宝的年龄成长到 2 岁时，不但模仿各种行为，而且开始模仿社会性行为，并且可以把行为协调起来，系列模仿。儿童选择性的模仿，基本集中在对父母行为的模仿上。儿童要通过这一个过程由一个简单的生命状态过渡到一个更高的状态中，这一过程也是儿童从内在世界走向外部世界最早期的实践过程，这个过程大约会持续半年的时间。

比如，当宝宝平时身体不舒服的时候，妈妈就会抱抱宝宝。当奶奶不舒服的时候，宝宝就会联想到妈妈的举动，就会学着去抱奶奶，抚摸奶奶的额头。遇到类似情况，妈妈夸奖宝宝几句，有助于发展宝宝的爱心。

◘ 重复是宝宝学习的必要手段

日常生活中，有的妈妈看到宝宝经常重复一个动作，而且每次都兴趣盎然，但不明白宝宝为什么重复一些毫无意义的简单动作，就可能制止宝宝。妈妈制止宝宝的做法并不恰当，制止的过程恰恰破坏了宝宝敏感期的正常发展，妨碍了宝宝智能和认知的发展，同时也会影响宝宝心理的发展。

1. 模仿没有对与错

不管是语言上的模仿，还是行为上的模仿，或者是气质上的模仿，都是宝宝走向独立的重要方式，妈妈只有很好地支持宝宝，才不会打消宝宝模仿的积极性。

当宝宝模仿了不该模仿的行为的时候，妈妈可以耐心地引导，但绝不能打骂、呵斥宝宝。

晶晶的奶奶年纪大了，走路有些驼背。晶晶觉得好玩，就跟着奶奶学。常常是，奶奶在前面走，晶晶在后面跟着学。有一天，妈妈看到了，赶忙把宝宝拉到房间，关上门，跟宝宝说起了这事。

妈妈问：“你觉得奶奶这样走路好看吗？”

晶晶说：“不好看！”

妈妈说：“不好看，就不要学！奶奶腿不好才这样走路，你学奶奶很不礼貌。奶奶是家里的长辈，我们每个人都要尊重奶奶。奶奶年轻的时候，受了很多苦，到老了身体不好，我们全家人应该孝顺奶奶，不能取笑奶奶的缺点啊！”

从此以后，晶晶不再学奶奶走路了。

宝宝幼稚的心灵里没有对和错，加之求知欲望很强，他感到好奇的事情就会学，这个时候，妈妈就仿佛是宝宝的过滤器，帮助宝宝滤掉不好的行为，让宝宝尽情地学习好的言行，才利于宝宝成长。

2. 尽量放慢自己的动作

当妈妈做什么事情，宝宝在一边跟着学的时候，妈妈不妨满足宝宝模仿的需要，停下来，耐心地一步一步教宝宝怎么做，这样不但拓展了宝宝的成长空间，锻炼了宝宝的观察力和动手能力，也支持了宝宝的模仿行为，使得宝宝放心、大胆地去模仿自己感兴趣的事情。

宝宝“臭美” 是好事

亮亮今年2岁，在妈妈眼里还是个不懂事的小宝宝，可是却非常在意衣着。一天早晨，妈妈穿着靴子去上班，亮亮说：“妈妈你可真漂亮！”

晚上回来，妈妈累了，换上了拖鞋，亮亮看到了，当即大哭，一定要让妈妈还穿着靴子。平时，亮亮穿衣服也是一定要自己选，穿上后，还要问妈妈：“妈妈，我是不是很帅啊?”即使吃东西的时候，亮亮也很挑剔。苹果上有个疤痕他不吃，妈妈掀了盖子的牛奶他不喝。如果得不到及时的调整，他就会大哭大闹，搞得妈妈每天七上八下的，做事情之前都要先问问亮亮这样行不行。可是，这也太麻烦了啊！

审美敏感期

像亮亮这种情况，多是因为进入了“审美敏感期”。经历了自我意识敏感期后，宝宝开始关注身边的环境和自我的完美，谁破坏了他心中的完美形象，他就要反抗。“审美敏感期”一般发生在宝宝2岁半~5岁之间，这一阶段的发展是螺旋式的。

突然有一天，我们动了孩子的东西，他会大哭大叫，甚至扔掉手里的东西！比如，妈妈给他一个苹果，如果妈妈咬一口或者切开，他就不满意了。一袋小食品，父母打开了，他就不要了。这就是敏感期最初的表现。

一开始孩子会比较关注外在事物的完整性。他要求吃的、用的、玩的都必须是完整的。一旦有人破坏了他心目中的完整美，他就会哭闹不已。比如，吃蛋糕的时候，如果妈妈没有经过他的允许就切开了，那么宝宝会大哭大闹。处于最初"审美敏感期"的宝宝，吃东西的时候会选择大的、完整的；绘画用的美工纸要大而完整的，拒绝使用残缺的、别人用了一部分的纸等。还有，就是会挑选自己喜欢的衣服。到了五六岁的时候，儿童能够很好地搭配自己的衣服，这标志着审美已经达到了大人的状态。

处于"审美敏感期"的宝宝会变得非常挑剔、敏感。如果不符合要求就坚决拒绝；如果有人破坏了物体的形式，或达不到他对事物形式的要求，他便会不依不饶地发脾气、哭闹。事实上这并非无理取闹，只有这样宝宝才能发现完整与残缺之间的区别，建构起自己内在的对于美的需求。

面对宝宝的这些变化，妈妈不能讽刺宝宝刁蛮、任性，也不要打骂宝宝，那样的话，等于否定了宝宝追求美的行为，导致宝宝审美能力不足或者发展滞后。

审美敏感期是培养审美能力的重要时期，妈妈允许并巧妙地引导宝宝去追求美，宝宝才会建立正确的审美观。如果妈妈感到不耐烦，甚至还对宝宝的"不当"行为加以批评和斥责，让刚刚进入敏感期的幼小心灵无法充分体会成长的美好以及对美好事物的追求，宝宝可能会变得胆小、孤僻，不再有勇气探索未知世界。

◘ 引导宝宝美起来

当宝宝进入"审美敏感期"后，妈妈一定要理解宝宝这种追求美的热情是成长需要，不可以阻挡，而是要支持。

1"不正常"也不要批评

当宝宝"夏天穿棉服，冬天穿裙子，踩着妈妈的高跟鞋要出门"的时候，妈妈不要用"不正常""怪异"等定性的词语来评价、呵斥宝宝。这是宝宝在感受美的过程，至于是否合适，他自己慢慢会摸索。

2. 带宝宝欣赏美景

美是什么？自然的、纯真的、充满活力的、真实的、善良的，都是美丽的。带宝宝走进自然，金色的太阳、银色的月光、闪闪的星星、繁茂的森林、碧绿的青山、奔腾的河流都会让宝宝感到美。看影视剧、参观博物馆，那些儿童、少年、小伙伴的感人事迹，解放军叔叔保家卫国的战斗场面，也都是美的。这些无限美丽的事物，能感染、激励、撞击宝宝的心灵。

3. 让宝宝识别美的行为

当宝宝不乱扔纸屑的时候，妈妈可以说："我家宝宝懂得保持房间整洁了！是个爱美的宝宝！"

这样，逐渐地，宝宝就有了美的具体观念，渐渐地就能够以内心积淀的美的知识、美的标准、美的观念，去评价、衡量、判断客观事物的美和丑。

宝宝吃别人家饭香

有一位妈妈这样描述自己的儿子抢别人的饭吃的情景：

傍晚，娘俩遛弯回来，到楼下，看见邻家的哥哥正在楼下摆着桌子吃晚饭，皮皮跑到桌前，扒着桌子，抻着脖子，眼巴巴地看着盘子。

哥哥说："来，给你一口！"皮皮张嘴就迅速吃完了，接着又眼巴巴看着。哥哥说："还吃吗？"皮皮说："吃！"哥哥接着又给了好几口。

楼下乘凉的大人都看着乐，问皮皮："皮皮，哥哥给你的什么啊？"皮皮说："蘑菇！"哥哥又夹起一块土豆给皮皮，皮皮看看，说："不吃！"隔了一会儿，皮皮说："8 块了，还有 2 块就 10 块啦！"楼下人听了哈哈大笑："这小子，心里还挺有数的！"

哥哥又给了两块蘑菇。皮皮指着盘子里一个大块的蘑菇说："要那个大的！"天哪！妈妈实在丢不起脸了，强行把皮皮拽回了家。

妈妈们在为皮皮的纯真发笑之余，也会不禁深思：宝宝为什么喜欢吃别人家的饭呢？

在宝宝眼里，为何别人家的好

宝宝喜欢热闹，几个人一起吃更能激发宝宝的食欲。

像案例中皮皮的情况，可能是皮皮对哥哥家的饭菜比较好奇，吃了一口，觉得很好吃，同时又受到了周围人的响应，就更来了兴致。几个宝宝抢，宝宝会有一种危机意识，激发起了宝宝与生俱来的竞争意识，自己不猛吃，就被别的宝宝抢走了，所以会抢着吃。宝宝天性喜欢热闹，喜欢被人关注，这个时候，他会有一种展现了自我的成就感，难怪吃起来没完了！

宝宝除了会“抢别人家饭吃”，还会“抢别人家玩具”“坐别人家的板凳舒服”，总之，别人的就是好的。0~3 岁的宝宝的占有欲和好奇欲都很强，凡是他得不到的，不能轻易拥有的东西，没有接触过的新鲜东西，他都感到好奇，他都想办法去尝试。当家里的东西，宝宝已经觉得没有新鲜感的时候，别人家的东西就成了“香饽饽”。

不管宝宝多么小，多么喜欢别人家的物品，都没有特权随意拿、随意用别人的物品。要用就要讲条件，对宝宝来讲，最基本的条件就是互相交换。宝宝不懂这些，正好利用这个机会，培养宝宝的“物权”意识。

强化宝宝的“物权”意识

宝宝喜欢别人家的东西，只是一个成长阶段的事情，大部分宝宝随着自我意识的完全建立，都会分清你的、我的，对别人家的东西都会有一定的界定。妈妈可以利用这个特殊的成长阶段，来培养宝宝的交换意识。

1. 先尊重宝宝的“物权”

每次给宝宝买新玩具，都要告诉宝宝：“这是送给你的，好好爱护！”当别人用宝宝的玩具或物品时，要先征求宝宝的意见，只有经过宝宝的允许才能使用。当宝宝不愿意给别人玩的时候，父母一定不要强行拿走，这样等于告诉宝宝：“可以抢别人的玩具玩！”

当别人家的宝宝来家里玩，想吃食品、玩玩具的时候，妈妈先要试着和宝宝商量：“给妹妹吃点儿吧。”“给妹妹玩玩好吗？”只有被尊重的宝宝，才懂得尊重别人。

2. 征询别人意见

当宝宝去了别人家，对别人家的食品、玩具等有占有欲望的时候，妈妈可以教宝宝先征询一下别人的意见。比如，“你问问阿姨，你吃了，他家人够吃吗”或“你问问哥哥，让你玩吗”。

妈妈这样引导宝宝，就是要宝宝懂得在交往中要考虑别人的感受，要宝宝思考自己吃了别人还吃吗、自己玩了别人还玩吗？而通过什么渠道了解别人是不是吃、是不是玩呢？那就是通过询问的方式征得别人同意。

当宝宝向别人征求意见的时候，妈妈一定要耐心地教宝宝说：“你要问问小朋友，我可以玩一下你的玩具吗？如果小朋友同意了，你要说谢谢。”

当小朋友要求玩宝宝的玩具时，妈妈可以说：“让小朋友玩一下吧，他的玩具也会给你玩的。”如果遇到宝宝实在不愿意让别人玩的物品，妈妈可以说：“如果你真的不愿意给小朋友玩，你就要礼貌地说，对不起，我现在要自己玩，不想给你玩。”

这样引导宝宝，不但认可了宝宝对物品的所有权，更是告诉宝宝，每个人都可以有礼貌地拒绝他人，他可以，别人也可以。

3. 引导宝宝交换

当妈妈引导宝宝向别人征求意见的时候，如果遭到了对方的拒绝，宝宝一定很不开心。这个时候，妈妈不妨引导宝宝和对方交换。

妈妈可以对宝宝说：“你想玩人家的橡皮泥，那么就用你的花皮球交换玩吧！”这个时候，宝宝可能会不愿意交换，那么，就接着开导：“你不舍得给人家玩，人家怎么舍得给你玩呢？”如果对方不愿意交换，妈妈可以这样对宝宝说：“人家不愿意交换，你就自己玩自己的吧！”

在引导宝宝与其他小朋友交换玩具玩耍的过程中，可以让宝宝分清哪些是自己的玩具，哪些是小朋友的玩具。宝宝交换着玩完之后，再拿回属于自己的玩具。在这个过程中，不仅使宝宝的物权得到了尊重，而且也让宝宝学会了分享。

虽然有时候，宝宝对于自己特别钟爱的玩具不太愿意分享和交换，但一次又一次的分享和交换，能够让宝宝意识到，分享和交换并不会给自己带来损失，相反还会得到玩耍其他玩具的机会，这种正向的体验会不断地刺激宝宝主动分享和交换。

宝宝与宝宝之间分享玩具或者交换，最重要的是要引导宝宝请求对方的同意，宝宝一旦学会了请求对方同意，就表明宝宝认可了对方的物权。这有助于宝宝更全面地看待物权，既尊重他人的物权，也发展自我的物权。

宝宝乱撕书

涟涟妈妈从书店买回一本看图识字，回到家兴冲冲地递给女儿，娘俩正想一起看的时候，电话响了。妈妈去接电话，还没走到电话机前，就听“刺”的一声，一回头，女儿把书皮撕了下来。妈妈气得直想揍女儿，可女儿却是一脸的无所谓。

最令妈妈气愤的是，不管妈妈强调过几次，女儿都是照撕无误，有的时候还一边撕一边笑。妈妈纳闷，女儿是不是不喜欢读书，这样的孩子将来怎么可能爱学习啊！

宝宝撕书是学习

宝宝撕书，与宝宝是否喜欢读书没有关系，这一点妈妈尽管放心。不要因为宝宝撕了书，就觉得他将来会是一个不爱学习的孩子，这两者之间没有一丁点儿的关联性。

对于3岁以前的宝宝来讲，他的思维很简单，他不会想到撕书的动作会导致书被撕碎，撕书只是一个他乐此不疲的动作。这个动作在他眼里很潇洒，之所以难以阻止他，除了受到内在生理发展的支配外，还因为他不懂得书被撕碎了就不能用来学习了，更想不到这是一种浪费钱财的行为。

从六七个月开始，宝宝就进入了手的敏感期，宝宝不断地尝试着做出各种动作，以唤醒身体，手部是宝宝最先唤醒的部分。要想发展手部的各种能力，就要支持宝宝手部的各种动作，哪怕是破坏了一些物品都不要打击宝宝。

在宝宝眼里，撕书就是一种学习过程。通过撕书这个动作，宝宝锻炼了左右手的反向运动，以及与视觉的协调能力。一遍不成，宝宝会再来一遍，面对不同的纸张，宝宝品味着手指捏纸以及用力的不同感觉，并很有成就感，觉得自己竟然能把撕书这件事完成了，这就是宝宝为什么对撕书这件事乐此不疲的原因。

如果妈妈足够细心，在观察宝宝撕书的动作的时候就会发现，宝宝脸上有一种愉悦的表情，而且每次的动作都不一样，有的时候眼睛一眨都不眨地、轻轻柔柔地撕开，有的时候一下子非常迅速地就撕开了。在完成撕这个动作的时候，宝宝的思维是活动的，他会思考怎么撕的问题。

宝宝开始喜欢撕书通常是在9个月大时，这个月龄前后，宝宝还没有真正到“早期阅读”的阶段，他更喜欢学习手眼协调能力。

妈妈要理解宝宝撕书是一种学习的行为，是成长的需要。为了让宝宝成长得更迅速，妈妈不要斥责宝宝，而是要尽可能地鼓励宝宝。比如，为宝宝准备各种各样废弃的纸张，让宝宝充分地完成撕这个动作。当宝宝自认为撕够了，会把兴趣点转移到下一个手部动作上，就不会再痴迷撕书这件事了。

◘ 将错就错， 促进宝宝成长

既然撕书在一定程度上是宝宝成长的需要，妈妈怎么做既能不伤害宝宝成长的热情，又不损坏家里的书呢？只要妈妈用心思考，做到这一点其实并不难。

1. 冷静面对“破书”

当宝宝把书撕破了的时候，妈妈不要斥责宝宝，轻轻捡起被宝宝撕破的书，让宝宝去拿胶水或者胶条，和宝宝一起把撕开的书对接起来，粘贴好。

在粘贴的过程中，宝宝一定会抢过来要自己粘贴，这个时候，妈妈不要担心宝宝弄得乱七八糟，而要耐心地教宝宝粘贴的步骤。宝宝体会到粘贴的不容易，在撕书之前就会考虑这个能不能撕。

每个家庭都会有一定的藏书，这样不但利于个人成长，也利于为孩子营造一个有着书香氛围的家庭环境。很多有价值的书被撕掉对于一个爱书人来讲是一件很痛苦的事情，妈妈可事先告诉宝宝：“书架上的书，很重要！宝宝不能撕啊！宝宝长大了会读的，现在宝宝撕掉了，长大了就没有书可读了！”宝宝到了1岁的时候，是一个很自我的宝宝，如果宝宝感觉到撕书会伤害到自己的利益，就会比较收敛。

2. 让宝宝撕个够

有的时候，即便妈妈叮嘱了宝宝不要撕书，宝宝也不一定能控制住自己。妈妈不妨给宝宝准备一个小书筐，在里面放进废弃的广告纸、旧报纸什么的。妈妈选择宝宝在场的时候，往里面放书或者纸，这种妈妈貌似不经意的行为更能吸引宝宝的注意力，妈妈一离开，宝宝就会赶上去，伸出自己的小手，撕个够。当宝宝撕的动作得到充分练习后，他就会不再撕书了。

3. 和宝宝一起撕书

如果妈妈参与到宝宝的撕书活动中来，并给这些活动加入一些益智的因素，使得撕书变成一项开发智力的活动，妈妈的教子智慧就又提高一个档次了。

妈妈见到宝宝开始撕书的时候，可以和宝宝玩一些小游戏。

妈妈说："撕书很好玩，是不是？来，妈妈和宝宝一起撕！"妈妈这样说，宝宝一定会高兴得合不拢嘴。妈妈拿着一张纸，对宝宝说："先撕一个大的，然后撕一个小的。"宝宝照着做了后，妈妈再说："跟妈妈学，撕一个圆形。"宝宝撕了一个圆形后，妈妈再说："再撕一个长方形。"

以此类推，帮助宝宝撕出一个个图形后，然后再和宝宝一起认一遍撕出的形状，这样，宝宝就知道了大小、圆形、方形等。

撕了一会儿，宝宝撕累了，妈妈可以和宝宝一起找找家里什么东西是方形的、什么东西是圆形的，家里的物品中是冰箱大还是洗衣机大。

这样，不但开发了宝宝的想象力，也提高了宝宝的判断力，更成功转移了宝宝的注意力，是不是让宝宝的生活更加丰富了呢？

第三章

宝宝闹情绪为哪般

宝宝情绪化

军军是个2岁半的宝宝，妈妈觉得这个孩子太情绪化了，从小就喜欢哭，连睡熟后都能哼哼几声，如今，还学会了大喊大叫。比如，他说要喝水，满了或者水太热了，他都会大喊大叫。在外边和小朋友玩，玩着玩着就要回家，如果不回家，就不开心了。

妈妈不明白，这个孩子怎么这么情绪化呢？

认识宝宝的情绪

即使很小的宝宝，也会哭得流鼻涕、尖叫蹬腿、遍地打滚、撕咬乱踢……这是为什么呢？这就是宝宝的情绪表现。

与成人相比，宝宝的情绪表达更加频繁、不受限制。不开心了、饿了，他就会哭泣；满足了他的需要，逗一逗，他就笑了。从哭到笑，间隔时间也许不到半个小时。宝宝的情绪化反映了他认知水平的有限性。

但是，要到3岁，他才能理解他人的情绪。3岁以后，他能够注意到妈妈不开心了，然后给予安慰。

情绪控制水平低是3岁前宝宝的一个重要特点，为此，我们可以通过婴儿的情绪反应来确定宝宝的需求是否获得满足、身体是否舒服。

虽然婴儿的情绪表现和先天的气质有关，但相比之下，后天的环境等才是更为重要的因素。家长从7~8个月开始，无痕迹地引导宝宝管理情绪，是一项重要的养育任务。

◘ 教宝宝学会管理情绪

3 岁前，是宝宝体验和认识情绪的阶段，父母以接纳、引导的态度对待宝宝，有助于宝宝学会情绪管理，打下良好情商的基础。

1. 父母多呈现积极情绪

一般来说，如果父母表现出较多的积极情绪，儿童也相应地表现出更多的积极情绪；如果父母表现出较多的消极情绪，儿童则更倾向于表现出恐惧或者愤怒的情绪。

和宝宝在一起的时候，父母要开心地和宝宝玩，不要流露出厌烦、焦虑、着急的表情，即使有很痛苦的事情，也要整理好心情再和孩子待在一起。

当孩子正在做一件不正确的事情的时候，父母不要愤怒地直接呵斥他停止，而是解释这种行为造成了怎样的伤害，希望孩子能够愉快地结束。

2. 宝宝有需要，和宝宝商量

日常生活中，当宝宝提出要求，不是马上完成不可的事情，妈妈都可以和宝宝商量一下。比如，宝宝想让妈妈带他出去玩，妈妈正在忙着工作，妈妈可以对宝宝说："宝宝先自己玩一会儿，等妈妈写完这段文章，就带你出去！"

再如，宝宝想买冰棍吃，但是宝宝当时正在闹肠炎，妈妈就要对宝宝说："宝宝生病了，不能吃冰棍！等病好了才能吃！"如果宝宝听不懂，不管宝宝多么闹腾，妈妈都不要给宝宝买，经历了几次，宝宝就能忍耐了。

妈妈征求宝宝意见的时候，一定要站在宝宝的立场上，并考虑到自己宝宝的心理承受能力，有的宝宝能等半个小时，妈妈就让宝宝等半个小时；有的宝宝也就只能等 10 分钟，妈妈就不要超过 10 分钟。然后，妈妈要表扬宝宝，如，"哦，宝宝可真有耐心！等了妈妈半个小时。""今天宝宝很有耐心！等了妈妈 10 分钟，以后继续努力啊。"

这样，宝宝逐渐就能明白，妈妈有重要事情做的时候，自己需要等一会儿。妈妈适度地让宝宝等待一下，延迟满足宝宝的需要，宝宝就会有耐性了。

3. 有情绪时，及时安慰

有的时候，宝宝发脾气是有理由的，比如，遭遇挫折了、被人误解了、受到不让宝宝用手抓、玩耍不让宝宝在地上爬、出门不让宝宝捡东西玩、见到人要打招呼等，那么就会妨碍宝宝独立地行动、思维，阻碍了宝宝独立性的发展。

美国儿童行为研究学者罗特鲍姆教授认为，对于1岁的宝宝来说，和他飞速发展的认知能力相比，他对事物的理解能力就像一直停滞不前。所以，妈妈不要总是在宝宝面前重复一条又一条规矩，讲一个又一个道理，那样既打断了宝宝的想法，宝宝也理解不了，搞得自己还焦躁不安，真的是对宝宝的成长一点好处都没有。

有关专家说，宝宝在1岁半以前，虽然能说一些最基本的语言，能听懂一些简单的对话，但是仅凭这点语言能力还不能让他与别人正常交流。宝宝只能听懂别人部分语言，不能准确表达自己的意见，这些都是宝宝学规矩的障碍。

还有些规矩是与时间和空间紧密连接在一起的。比如，“你玩到5点就不能玩了!”“那里危险，你不能去!”这些语言对宝宝来讲无异于废话，说不说都是一样的。为什么呢？因为，2岁以前的宝宝基本没有时间感和空间感，他所要的就是想怎么样就怎么样，不合心意就会大哭大闹。所以，你还是坚决地以行动阻止宝宝，让孩子从行为后果中感受到“规矩”。

有的时候，宝宝故意去做妈妈不允许的事情，是为了惹妈妈生气，他喜欢看妈妈生气的表情。如果妈妈对宝宝置之不理，情况或许会好很多。

◘ 2岁半～3岁， 给宝宝立规矩的关键期

宝宝2岁以后，妈妈就可以给宝宝制定规矩了。定规矩前妈妈一定要分清没规矩和顽皮淘气的界限。顽皮淘气是一种富有创造性的探索行为，而规矩指的是一定的标准、习惯。只要小宝宝的行为，不构成伤害、破坏，妈妈就没必要管教，因为宝宝是在体验中成长起来的。

1. 把握好一生的“第一次”

人的思维过程表明，人在思考问题时容易产生“定式”，即“先入为主”，它使得人们对堪称“第一”的事物有着较强的记忆。对3岁前的宝宝来讲，他们的很多第一次很可能是人生的第一次，因而对宝宝具有导向的作用。

例如，当宝宝第一次打碎碗的时候，妈妈要告诉宝宝：“碗很滑，拿的时候，用手抓紧，不要把碗放在桌边，容易碰掉!”然后，妈妈和宝宝一起收拾碗的碎

片，更能加深宝宝对错误的认识，以后用碗的时候就会轻拿轻放。

2. 明确的规则容易记住

有的妈妈每天都给宝宝制定规则，但是宝宝一样都没记住，原因就在于妈妈说得太笼统。比如，有的妈妈经常说："不要光着脚丫踩在地板上！""别到处扔东西！""不要摸插销！""下次不许这样了啊！"这样的话过于模糊，也不易于宝宝理解。

制定规则有一点很重要，那就是明确告诉孩子哪些不可以做，为什么不可以做，以及如何做等。比如，"触摸电器开关和电源插座会有触电的危险，任何时候都不准碰！""洗衣粉是洗衣服用的，不能玩！""椅子是用来坐的，不要站到上面！""你可以玩积木，但是不能扔积木！"

3 岁左右的宝宝，已经有了自我尊重的意识。家长在制定规则的时候要考虑全面，保护孩子的自尊心，当孩子遵守了某个规则后，要给予夸奖，以激发孩子的自豪、自尊、自爱心理，使得宝宝沿着安全健康的轨道成长。

妈妈在给宝宝制定规则的时候，态度要亲切，不能摆一副铁面孔，让孩子觉得妈妈是在命令自己，妈妈循循善诱的语气会让宝宝觉得妈妈很尊重自己，愿意跟妈妈合作。

2 岁后的宝宝，恰值逆反期，妈妈权威式的教导很可能激发他的逆反心理，故意去挑战妈妈的权威，动不动就说"不"，就更难定规矩了。

3. 长辈要做好榜样

任何一个规矩、一项规则，只有在平等的情况下，才会被人接受、重视。如果有人搞特权，规则本身就失去了力量，也算不上规矩了。

教育家乌申斯基说："榜样对儿童的心灵是一股非常有益的阳光，而这种阳光是没有任何东西可以替代的。"妈妈一定要记得，给宝宝订立了规矩，自己也要按着规矩办事，这样宝宝不自觉地就像妈妈那样做了。不但强化了规矩在宝宝心中的分量，同时也加深了宝宝的规矩意识，否则，妈妈订立再多的规则都是无效的。

例如，有一位酒鬼爸爸，每天都喝得醉醺醺的。但是，他经常教导自己的孩子不要喝酒，他觉得是喝酒害了自己的一生，他希望孩子将来有出息，而不是像自己这样，落魄一生。

我就要这么做！所以，一旦有危险，妈妈就要想办法制止宝宝。

为了宝宝能够顺利度过这个逆反期，妈妈还是应尽量给宝宝独立的机会，满足宝宝独立的欲望。

例如，吃饭的时候，妈妈可以跟宝宝说："宝宝，你分筷子好吗？"宝宝乐颠颠地分好筷子后，妈妈可以表扬宝宝几句："有宝宝帮忙，妈妈可开心了！"去超市的时候，买宝宝的食品，妈妈可以选好几种，然后让宝宝来挑选："宝宝，糖块，你是要大白兔的还是要阿尔卑斯的呢？"宝宝也许分不清哪种更合自己的胃口，但是妈妈给了他选择的机会，他想独立做事的愿望得到了满足，他就会感激妈妈。

但是，光有这些还不够，妈妈还需要掌握更多的方法，以帮助宝宝顺利度过"第一逆反期"。

◘ 尊重宝宝的特殊感受

逆反是每个宝宝都会经历的过程，妈妈与其与他硬碰硬，不如温柔地、巧妙地、智慧地对待宝宝。

1. 不要侵犯宝宝

有的时候，宝宝逆反真的是妈妈招惹的。比如，孩子正玩在兴头上，妈妈就打断宝宝，让他跟人打招呼或者回家睡觉去，要知道，宝宝的心思正在自己的事情上，此时打断宝宝，宝宝能不反抗吗？

即使妈妈真有必要打断宝宝，也要好好跟宝宝说："宝宝，先停一会儿，你最喜欢的阿姨来了，打个招呼吧？"这样宝宝就不会觉得父母是在干涉自己，更不会以顶嘴的方式抗议，以示自己的独立性。

2. 微笑效应

微笑有一种效应，可以感染每个人对你微笑。妈妈如果对宝宝笑笑，鼓励宝宝讲出自己的感受，宝宝就不会逆反了。因为这个年龄段的宝宝语言能力还不是很发达，表述过程难免断断续续，妈妈要耐心点，双眼注视着宝宝，鼓励宝宝讲出来，然后说出宝宝想法的不可行之处，从而得出正确的结论。

慢慢地，宝宝也就学会了以心平气和的方式和别人相处，遇到事情先听听别人怎么说，而不是很武断地顶撞别人！

3. 把话说到前头

有的妈妈经常因为宝宝看电视、玩电脑超时，或者经常犯某一种错误而苦恼。既然说服宝宝不容易，那么就在宝宝做这些事情之前跟宝宝说清楚吧。

例如，“宝宝把第三集看完，就关掉电视，跟妈妈出去散步啊！”“妈妈答应你去林林家玩，不过，妈妈说什么时间回来，你就回来！不许吵闹！”“现在4点半，玩到5点就关掉电脑，开始吃饭啊！”

孩子同意后，妈妈才能让宝宝做。时间到了，要坚决执行约定，即使宝宝哭闹也不要心软。

4. 以假装忽略的方式搞定宝宝

宝宝玩起来很投入，忘了时间，忘了睡觉。这个时候，来硬的不好办，妈妈不妨幽默一下，把孩子吸引过来。

例如，晚上快10点的时候，妈妈要给凡凡洗澡，可是他玩小汽车着迷了，说什么也不肯。妈妈过来，对宝宝说：“你自己玩吧，我给小汽车洗个澡去！洗好了，小汽车好睡大觉了！”凡凡见妈妈拿着小汽车要进洗澡间，赶紧追过来说：“我洗，我洗，我也要洗！”

宝宝都有一种想被重视的心理，当妈妈重视别的物品的时候，他是非常不愿意的，就会以向妈妈妥协的方式赢得妈妈的注意。

5. 利用宝宝的逆反心理

既然宝宝逆反，妈妈就从反面给出建议，为了表现自己的独立，宝宝就会选择反面的反面——正面了。

例如，每次吃苹果，妈妈说给灿灿削皮，她都强烈反对，然后一边吃，一边吐皮，弄得到处都是。一天，一家人吃苹果，妈妈给灿灿拿苹果的时候说：“我和你爸爸的要削皮，你的不用削皮，然后自己啃皮，是不?”灿灿想了想，说：“我的你也削了吧。”

这个时期宝宝的心理发展是要向大人展示自己的独立，他会通过各种方式来表现。如果妈妈先征求他的意见，说出妈妈不赞成的做法，他一般会反过来，选择妈妈赞成的做法。

宝宝任性

朗朗是一名2岁的小男孩，活泼可爱，就是太任性，都要把妈妈愁死了。一天，妈妈带他去商场，他见了什么吃的就要买什么，不给买就哭闹，买了就要拆开包装，妈妈央求他回家再吃，他就是等不了。

一天去姨妈家做客，朗朗在早晨非吵着要吃油焖大虾，妈妈说中午再吃，他不干，妈妈说了他几句，他生气地把桌子上的蛋糕、牛奶、鸡蛋全部扔到了地上，搞得妈妈非常没面子。妈妈担心，孩子这么任性，长大之后必然性格霸道、固执，难以与人相处，到时还不成了“孤家寡人”啊?

任性是一种心理需求

所谓任性，就是任着自己主观的性情和喜好去做事，或对个人的需求和愿望毫不克制，全然不理会他人的感受。美国儿童心理学家威廉·科克指出，幼儿随着生理上的不断发育，开始逐渐接触更多的事物。不管这些事物对自己是否有益或适宜，他都会凭借自身的兴趣和情绪参与其中，这就是所谓的“任性”。因此，幼儿任性是一种心理需求的表现。

宝宝2岁左右的时候，参与意识、自主意识大大增强，什么事情他都要动手试试，自己作出决定。而这个时期的宝宝，分辨是非的能力、思维模式、自我控制能力、做事情的道德底线都没有建立起来，有了想法就要去实现，不会考虑可行不可行，被阻止的时候，他会很烦躁，表现出强烈的反抗情绪。

这种情况下，妈妈往往觉得宝宝很烦，有的甚至对宝宝大打出手，却没有想到这就是这个时期宝宝容易出现的情绪反应，是每位宝宝都会有的独立倾向，是一种正常的心理发展现象。如果妈妈认为宝宝不听话，以训斥、打骂等方式回应宝宝，会使得宝宝的自尊心和自信心大大受挫，会导致宝宝产生逆反心理，以执拗来对抗父母的粗暴，助长其任性行为。长此以往，就会形成任性的性格特征。

宝宝任性除了自身的生理特征外，还与父母的教养方式有很大关系。

有的父母很娇惯宝宝，无节制、无原则地对宝宝有求必应，生怕照顾不周宝宝受委屈，宝宝早从父母诚惶诚恐的表情中读出了志在必得，于是更加得寸进尺地大哭大喊，不达目的不罢休。一些祖辈养育的宝宝，情况更加糟糕，简直是要星星不给月亮，宝宝就更加任性。

有的妈妈也知道，宝宝任性的时候，要跟宝宝讲道理，纠正宝宝的错误做法，可实际上却做不到。一是没有耐心；二是不舍得宝宝哭喊。

□ 试着让宝宝懂事

美国儿童发展心理学家杜布森博士指出，父母在管教任性宝宝的时候，一定要尊重他们，态度要温柔，用他们听得懂的语言告诉他们为什么不可以这样。妈妈要学会从宝宝的角度来看问题，设身处地地体会宝宝的想法和感受，用正确的办法化解孩子的任性行为。

1. 耐心跟宝宝讲道理

有的时候，妈妈耐心地跟宝宝讲道理，宝宝倒是很通情达理的。

燕燕吃过晚饭喜欢在楼下玩，每天妈妈都要陪她玩一会儿。一天，妈妈有一篇加急的稿子要写，当燕燕吵着要下去的时候，妈妈很严肃地对燕燕说："妈妈有一篇加急稿子要写，今天不下去了。你自己在房间里玩滑板吧！"燕燕虽然不情愿，但还是懂事地说："明天，咱们再出去玩，是不？"妈妈开心地夸奖了一下女儿，就去忙自己的事情了。

如果妈妈耐心跟宝宝讲道理，不但能减少任性行为的发生，还能提高宝宝明辨是非的能力。如果宝宝不同意，妈妈绝不可以妥协。这样，宝宝才会明白妈妈有事的时候是不能陪自己玩的这个道理，懂了这个规矩，就不会任性地和妈妈纠缠。

2. 想办法转移宝宝的注意力

宝宝对同一事物的兴趣持续的时间不长，注意力很快会被其他的新鲜事物吸引。因此，爸爸妈妈如果能抓住宝宝的这一心理特点，以更加有趣的事情吸引宝宝，就能够救自己脱离困境。

苏苏最喜欢妈妈的化妆盒了，一看到就吵着要玩，拿着粉饼乱扑，口红乱抹，弄得都不成样子。一天，苏苏又吵着要玩。妈妈说："宝宝，用妈妈的手机给奶奶打个电话，问奶奶哪天来，妈妈带苏苏去接站！"苏苏嗒嗒嗒地就去拿手机了。

当宝宝有吵闹的趋向时，妈妈就要开动脑筋了，赶紧想出一个点子，把宝宝的注意力吸引走，可以采取转移注意力的方法，用别的有趣的事情或者玩具来吸引宝宝，终止宝宝的任性行为。

3. 接纳负面情绪，与宝宝共情

当宝宝因任性而哭闹时，妈妈不要觉得宝宝这是咎由自取，是不听话应该受到的惩罚，要以接纳的态度对待宝宝。妈妈可以默默地陪伴在宝宝身边，轻声对宝宝说："妈妈知道你很难过！过一会儿就好了！"妈妈可以拥抱一下宝宝、亲亲宝宝的额头。

当宝宝情绪慢慢恢复后，妈妈可以跟宝宝聊聊，告诉宝宝，该做的事情妈妈一定会答应，不该做的事情妈妈不答应是为了宝宝好。

4. 沉默，不唠叨

宝宝有任性行为的时候，妈妈唠唠叨叨，起不到任何作用。妈妈可以采用冷处理的方法，先跟宝宝说清楚不允许宝宝这样做的道理，然后就去做自己的事情，宝宝爱做什么做什么。妈妈一定要记得，只拒绝 1 次，说理 1 次，决不重复、唠叨。这样更有威慑力，可以让宝宝感觉到父母态度很坚决，没有回旋的余地。下次，宝宝就不会这样自讨没趣了。

宝宝哭泣，怎么办

出生不久的宝宝，哭泣是表达自己想法的最佳方式。当宝宝哭泣的时候，有的妈妈很烦，觉得这个孩子很磨人；有的妈妈则默不作声，该干什么干什么。她们觉得宝宝哭哭就好了，如果一哭就过去哄，容易把宝宝惯出毛病。

让宝宝自己哭自己的，能止住宝宝的哭泣吗？

通过哭声了解宝宝需求

宝宝出生后，只要没有学会说话，有什么需要，就会用哭声表达，妈妈学着识别宝宝的哭声，才能了解宝宝的意图。

比如，宝宝一个人在房间里害怕的时候，他就会竭尽全力地哭泣，声音高亢而尖利。这个时候，如果妈妈不管宝宝，一定会在宝宝心中留下恐惧的印痕。妈妈要赶紧过去抱起宝宝，如果房间较黑，就打开房间的灯。然后把宝宝抱在怀里，和宝宝脸贴脸，安慰宝宝："不怕，妈妈在家里，宝宝不怕！"

受到惊吓后，妈妈可以持续几天和宝宝保持亲密的关系，因为受到较严重惊吓的宝宝，可能好几天都处于恐惧中，而且到那个环境到那个时间就哭闹。所以到了那个时间，妈妈就要陪伴宝宝，或者不在那个环境待着，就能避免宝宝以后哭闹。

有的妈妈，宝宝一大哭，就慌神了，表现为语言错乱，神情惊慌，把宝宝抱在怀里不停地摇摆，这样做有可能强化宝宝的恐惧心理，所以，妈妈还是尽量转移宝宝的注意力，弱化宝宝的恐惧情绪。

终止无谓的哭闹

1. 尽早回应宝宝

对于几个月大的小宝宝，不管宝宝因为什么哭泣，即使妈妈在和别人讨论很重要的事情，也要一听到哭声就赶过来，因为在刚开始想哭时，得到妈妈的回应是最容易避免或终止无谓的哭闹的。

如果妈妈没有及时回应，反倒让宝宝有了感到委屈的理由，本来想撒娇讨好妈妈，妈妈没有理会，就哭得更厉害了。

宝宝养成了一定的吃奶习惯后，妈妈要到点就给宝宝喂奶。等到宝宝饿得直哭，再将奶头往他嘴里塞，不但不利于孩子呼吸，也容易发生窒息，对消化系统也不好。当宝宝哭起来的时候，妈妈最好马上抱起宝宝，第一时间用语言安慰："宝宝饿了，在喊妈妈呢，妈妈马上就喂奶。"从这样的话语里，宝宝读出了重视，就不会有被怠慢的感觉了。

宝宝从睡眠中醒来的时候，是需要看到妈妈的。做妈妈的，心细一点，多关注孩子每个时间段的睡眠持续时间，估计宝宝该醒来的时候，就陪伴在宝宝身边。等宝宝睁开眼的时候，看到了妈妈的笑脸、喜欢的玩具，宝宝就会觉得很满足。

2. 尿了，不斥责

当宝宝哭声不是很大，节奏表现得比较缓慢，还有扭动身体的动作，可能是宝宝尿尿了。这个时候，妈妈要及时走过去给宝宝换尿布。

有的妈妈一边换尿布一边叨咕："又尿了！一天尿了多少次！"换尿布的时候，还顺手拍了孩子一巴掌。这种无端的指责会让宝宝不知所措，感觉自己是不是做错事了。为了取悦妈妈，以后尿湿了可能都不敢哭了。

有的妈妈觉得晚一会儿换没什么，于是干完手上的活才去管宝宝，这样宝宝会因为妈妈是不是爱自己而焦虑，长期得不到及时关注，会导致宝宝心理冷漠，缺乏对世界的信任感，长大后容易发生心理问题。

所以，当妈妈为宝宝换尿布的时候，最好夸奖宝宝几句"宝宝真聪明，会告诉妈妈尿尿了""以后，尿尿了就哭啊！一哭，妈妈就过来给宝宝换"。一边换一边抚摸宝宝的身体，亲吻宝宝，会让宝宝受到鼓舞，以后尿湿了，就会及时哭喊提醒妈妈。

3. 不要被宝宝要挟住

稍大一些的宝宝，就会使诈了。不高兴了，有什么不满意了，他就会哭泣，以获得妈妈的同情。

比如，宝宝想吃糖了，妈妈觉得宝宝吃得太多了，就不想给宝宝。这个时候，宝宝可能会哭泣、叫喊什么的。妈妈当然不能看着孩子哭，先跟宝宝表明立场："妈妈很爱你！但是今天你已经吃了一块糖了，如果再吃会嗓子痛的，哭也没用。"然后妈妈就想办法转移孩子的注意力。比如，带孩子出去玩，给孩子吃些水果，和孩子做做游戏。

遇到这种情况，妈妈一定要注意，表明了立场就不要妥协，否则哭泣会成为孩子要挟父母的武器。

宝宝强词夺理

晚饭后，果果在小区里骑小自行车，妈妈担心他碰着乘凉的人，要求他在小范围内骑，可还是不小心碰到了一位爷爷。妈妈拉起果果说："快向爷爷说对不起！"谁知果果大声说："我没错，为什么要说对不起?"

妈妈惊讶得张大了嘴巴，3 岁的儿子竟然学会了强词夺理！这以后哪还管得了啊?!

强词夺理是学来的

宝宝强词夺理，大都是学来的。跟谁学的呢？父母、祖辈、小伙伴，都是宝宝"强词夺理"的学习范本。

1. 父母

想一想，你有没有在宝宝面前表现出强词夺理的样子？如果有过，那么宝宝看在眼里，就记在了心上，甚至觉得强词夺理的样子很酷，然后就寻找机会表演一番。

举个简单的例子。爸爸感冒了，需要戒烟，但是忍不住，于是拿起一支烟偷偷抽了起来。妈妈看到了，教训爸爸没出息。爸爸强词夺理："谁让你不把烟收好，我看到了，能不想抽吗?"宝宝咳嗽了，医生不让吃糖，但是忍不住，偷偷拿出一颗糖放进了嘴里。妈妈看到了，教训宝宝不听话。宝宝说："谁让你不把糖收好，我看到了，就想吃啊！"

看看吧，这就是榜样的力量。父母强词夺理，立竿见影，宝宝也能很快学会找借口。为什么呢？在宝宝眼里，强词夺理能够得到好处。时间一长，宝宝很可能养成刁蛮、不讲道理的性格。

2. 祖辈

现在，很多宝宝都处在父辈和祖辈的双重照顾下，这样虽然减轻了双方的养育负担，但是处理不好，也会出现问题。

年轻爸爸妈妈往往对宝宝比较严厉，犯了错误的时候，宝宝第一时间想到的是向爷爷奶奶求助，爷爷奶奶一般比较疼爱宝宝，就会为宝宝说情："他还是个孩子，懂得什么呀，大了就知道了。"这样，宝宝会更加任意妄为，做错了事，轻则以自己还小为借口搪塞大人，重则搬出爷爷奶奶来压服爸爸妈妈。

更有甚者，爷爷奶奶由于疼爱宝宝，出了问题不在宝宝身上找原因，而是胡乱怪罪，宝宝摔了磕了就打墙骂地，宝宝喝水呛着了就骂杯子，宝宝被门挤了手就打门，这样就会让宝宝觉得不是自己不小心，而是环境太不友好。以后，出了问题不是在自己身上找原因，而是强词夺理、推卸责任。

我们经常可以见到，在两代人养育下长大的宝宝，出了问题，父辈和祖辈互相推诿，没有谁愿意承担教育责任，都觉得责任在对方身上。这与宝宝小的时候相比，正好是一个完全相反的状态。那个时候，大家都争着去照顾宝宝、疼爱宝宝，比着把自己认为最好的给宝宝，一天一天，就造成了宝宝察言观色、强词夺理、推卸责任的问题。

3. 小伙伴

如果宝宝经常跟强词夺理的小朋友一起玩耍，宝宝在被人欺负的过程中就会"醒悟"，觉得强词夺理能够给自己带来好处，于是在玩耍中、游戏时为了争取主动，也就变得强词夺理了。

◘ 妈妈巧拆招

宝宝强词夺理都是有一定原因的，具体说来主要包括：为了保护自己不受伤害，为了得到自己想要的，为了满足小小的虚荣心。如果妈妈能顾及这些，宝宝就不会强词夺理了。

1. 慎重表扬

宝宝喜欢被人表扬，但是表扬不当或者表扬过度的话，就会致使宝宝滋生虚荣心，无端认为自己是个优秀的人，当妈妈指出他的不足的时候，他就接受不了。

当宝宝有优秀表现的时候，妈妈要多鼓励宝宝的努力、好的行为、好的做法，而不针对结果、天分大肆表扬，这样宝宝就会比较务实，而不会滋生骄傲情绪。

2. 不要经常惩罚

有的妈妈对宝宝管教非常严厉，宝宝出一点错误，就要大动干戈，轻则讲道理，重则施以某种惩罚、取消宝宝盼望已久的某项权利。久而久之，宝宝为了保护自己的某项权利，发生了错误就会强词夺理，和妈妈辩解。

当宝宝出错的时候，妈妈只需耐心沟通，让宝宝知道错在哪里，给宝宝改正的机会，给宝宝成长的时间，宝宝改正了，妈妈就奖励一下宝宝。这样，宝宝就不会因为犯错而强词夺理、逃避责任了。

3. 不要总对宝宝说“不”

细心的妈妈会发现一个问题，那就是当你频繁地跟宝宝说“不要撕书”“不要丢玩具”“不要骂人”“不要乱跑”“不要洒水”的时候，宝宝反而撕得越来越来劲、对骂人更加感兴趣……

宝宝为什么这样呢？妈妈越不让做什么，他对什么越感兴趣呢？这是因为3岁以下的宝宝天生倾向于具有吸收性的偏右脑思维状态，右脑又属于表象、感性思维模式。宝宝会把妈妈说的话转化为图像模式，而右脑中又恰巧没有“不”这个字，因为“不”这个字无法转换成图像。所以，不管妈妈对宝宝说了多少个“不”字，都是在强化宝宝的某种行为。

聪明的妈妈要制止宝宝的某个行动，不是说“不”，而是对宝宝说“书撕了以后就不能看了”“骂人的宝宝没人喜欢”，或者以更具吸引力的事情吸引宝宝的注意，比如宝宝撕书，妈妈可以在旁边玩另一个更有趣的东西，把宝宝吸引过来，宝宝就不会再撕书了。

宝宝不愿意当众表演

豆豆很活跃，尤其是全家人在一起的时候，快乐得就像一只小兔子，唱儿歌、跳舞蹈、做游戏，一刻都不停地表演。家人让唱哪首就唱哪首，家人让表演哪个动作就表演哪个动作，动作轻灵、表情可爱，表演完了还要全家人一起鼓掌，那份快乐让家里的每个人都开心不已！

豆豆小的时候，如果到别人家里做客，或者在小区里玩耍，有人让豆豆表演，豆豆也能痛快表演。如今豆豆 2 岁多了，依然活跃，会的儿歌、舞蹈更多了，可是，要让他在外人面前表演，非常难，有的时候妈妈和他商量半天，他都一言不发、一动不动。

妈妈纳闷，这个孩子怎么不愿意当众表演了呢？

支持宝宝建立自我

宝宝到了 2 岁的时候，自我悄然萌芽，自我意识飞速发展，使得宝宝对“你”“我”很敏感。有人动了他的东西，他会说：“我的。”然后，把自己的东西拿开，不让别人动。妈妈要懂得，不强行动宝宝的东西，以让宝宝充分体会到“我”的意味，促进宝宝很好地把自己与这个世界分离开，很好地建构自我、走出自我，成为一名社会人。

可是有的妈妈不知道宝宝在建构自我的过程中，需要自我感觉不受打扰。比如，当宝宝自己拿着玩具、听着音乐，边玩边摇摆的时候，有人来了，妈妈就喊宝宝过来跟人打招呼。如果宝宝没有反应，妈妈就会觉得自己的宝宝没礼貌，不懂得来人了就要停下自己的事情招呼客人，为了给客人面子，便训斥宝宝几句。

有的妈妈更厉害，宝宝不说话，会把宝宝拉过来，让宝宝给客人表演节目，沉浸在自我快乐感觉中的宝宝，很可能不买账，妈妈就更生气了。

其实，妈妈完全是自己找气生。这个时候的宝宝虽然懂了很多事，但是他们还不懂得“牺牲自己，成全别人”，更不喜欢别人让干什么就干什么。既然宝宝的情感反应与自我意识有着密切的关系，宝宝会根据自我情绪、情感的变化，做出利于自我的行为，妈妈要尊重宝宝的情绪与行为选择。宝宝的情感越细腻、敏锐，宝宝自我意识的建立越完美，妈妈越应该支持。

如果妈妈不支持，强行命令宝宝按着大人的意思做，那么宝宝长大后很可能变成一个没有自我、随大流、没主见的人。所以，当宝宝不愿意当众表演时，妈妈不要强迫，可以拉着宝宝的手说：“宝宝不喜欢现在表演，那么就自己去玩吧！什么时候喜欢了，再表演也不错啊！”

我们都希望宝宝成为一个有个性的人，那么就要从小尊重宝宝的意愿，让宝宝倾听内心的声音，独立选择做还是不做，宝宝长大后才能做到坚持自我！

◘ 妈妈要试着控制自己

当宝宝有了自我意识，他是不想被别人指挥、干涉的，他要自己决定自己的事情，他要保护好自己的物品，这个时候，妈妈不要和宝宝对着干，可以从以下几方面控制住自己。

1. 不要高高在上

在有的妈妈眼里，宝宝很小，什么都不懂，哄他开心他就听话了。当宝宝不愿意当众表演的时候，妈妈拿出糖果、许诺什么事、翻出利于眼下行为的旧账等，如果宝宝禁不住妈妈的诱惑同意表演，妈妈如意了，却不利于宝宝的成长。这样做，破坏了宝宝建立自我的进程，不利于宝宝建立优秀的个性品质，比如专注、坚持等。还会惯出宝宝另一个坏毛病，就是做点什么就跟妈妈讲价钱、讲条件，甚至会向客人要礼物。一个世俗的孩子，很难建立起良好的道德品质，甚至会精神世界空虚，很难有个幸福的未来。

所以，妈妈不要在宝宝面前高高在上，要学会蹲下来，平等地面对宝宝这个独立的生命个体，从宝宝的角度出发，克制自己的欲念，就不会有强制、强迫宝宝的行为了。

2. 赶走炫耀心

每位妈妈都希望自己的宝宝能够出类拔萃，于是，她们盼望着宝宝能够在他人面前有出色的表现。宝宝会表演了、会唱歌了，就会让宝宝表现。

宝宝当然不懂得妈妈急于炫耀的心理，只要自己在玩，正做着自己感兴趣的事情，就不会顺从妈妈。可是，妈妈的炫耀心已经膨胀起来，就会对宝宝“威逼利诱”一番，宝宝仍然不屈服，妈妈就会觉得失了面子，不顾有客人在便对宝宝变脸，进而伤害了宝宝的自尊和自信，不利于健康人格的形成。

所以，妈妈不要把宝宝当成自己的私有物品，来为自己争光。要知道，宝宝是个独立的个体，尊重他的意愿，他才会尊重妈妈，才会有良好的亲子关系。无端强迫宝宝，既不利于宝宝成长，也不利于亲子感情，真是得不偿失！

宝宝高声尖叫

婷婷是一个2岁的小女孩，平时就喜欢高声尖叫。一天，妈妈在厨房择菜，婷婷进来抓起一把豆角就要去客厅，妈妈伸手阻止，谁知，婷婷愤怒地瞪着妈妈，高声尖叫了起来。妈妈一下子不知道怎么办了。婷婷则趁着这个机会挣脱妈妈，一边尖叫着一边跑到了客厅，把豆角弄得到处都是。

妈妈纳闷，好好的小女孩，不文文静静的，怎么一天到晚尖叫？玩高兴了尖叫，遇到不如意事情了尖叫。难道尖叫对宝宝来讲很舒服吗？

宝宝“尖叫”的常见原因

宝宝尖叫是有理由的。宝宝是用尖叫来表达自己的感受、情绪和想法的。不管宝宝是为了发泄情绪，还是为了引起大人关注，或者是为了反抗而尖叫，妈妈都要明白，这是宝宝的语言，倾听是最好的应答方式。

所谓倾听，并不是需要家长忍耐宝宝，“这不仅需要钢铁一样的意志，更需要有聋了一样的耳朵”，而是要认识到宝宝是个独立的个体，要以理解和尊重的态度去倾听，去了解宝宝为什么尖叫。

1. 高兴的时候

当宝宝一边笑一边跳着尖叫起来的时候，可能是有高兴的事情。妈妈要观察一下宝宝做了什么事情。妈妈一定要明白，宝宝的兴奋点和大人不一样。比如，把什么东西搞坏了，看到搞笑的事情，实现了某个愿望等，这个时候的宝宝还不能正确区分哪些事情可以做，哪些事情不可以做，更不知道如何充分表达他兴奋的情绪，因而极易采取尖叫这种非常简单的方式来表达自己的欢乐。

如果妈妈观察到宝宝高兴的源头并没有伤害性，就配合着宝宝一起笑笑吧！

2. 寂寞的时候

当宝宝独自一个人的时候尖叫，可能是因为爸爸妈妈都在忙自己的事情，他觉得自己玩没意思，发出了抗议，以引起爸爸妈妈的关注。越是到夜晚，宝宝越需要有人陪伴，所以，忙碌了一天的妈妈们，到了晚上把时间多给宝宝一些，陪宝宝一起玩玩吧！

3. 愤怒的时候

宝宝被欺负的时候、遇到不开心的事情的时候，就会大声尖叫，以表达自己的愤怒。这时，妈妈要看情况来安抚宝宝。如果是被人欺负，妈妈可以先置之不理一会儿，如果发现宝宝们动手了，就当一下裁判，分清谁对谁错后，告诉宝宝如何和睦相处。

如果妈妈给宝宝洗澡、换衣服、剪头发等，宝宝因为不愿意而大声尖叫，妈妈就要告诉宝宝："妈妈很轻很轻地洗，一会儿就能洗完！宝宝勇敢点！坚持一下啊！"如果宝宝反抗得厉害，妈妈不妨停下来稍微休息一会儿，了解一下宝宝的感受，然后再进行，但是决不能妥协。否则，宝宝养成了习惯，就会用尖叫的方式反抗妈妈的行为。

4. 在模仿

如果家庭成员中有说话声音比较高的，宝宝接触到了，觉得那样很神气、很威武，就会尝试着去模仿。所以，妈妈要自制一些，控制住自己的情绪，不要对着宝宝大喊大叫。当宝宝尖叫的时候，妈妈也不要对着宝宝喊叫，因为这样反而会激发宝宝尖叫的兴趣，更难以制止了。

面对家里喜欢尖叫的宝宝，妈妈只有明白宝宝为什么尖叫，才能釜底抽薪地让他停止吵闹。

◘ 防止尖叫，引导表达

每位妈妈都试图去尊重宝宝，尊重宝宝第一重要的事情就是了解宝宝，精心架起通向宝宝内心的桥梁。这样，妈妈才不会误解宝宝的行为，作出错误的判断。

1. 教宝宝说出来

宝宝1岁后，自我意识逐渐增强，什么都想自己做，可是妈妈觉得宝宝自己做不好，总是替宝宝做，妈妈不了解宝宝的意图盲目地帮助宝宝，宝宝就会不开心。但是宝宝语言能力较差，无法顺畅地用语言来表达自己的需求，情急之中，就会大声尖叫。这个时候，妈妈不要大声地制止宝宝，而应平静地对宝宝说："你想做什么？说出来。"如果宝宝不会说，只是用手比画，妈妈可以猜测宝宝的想法："你想把抱抱熊放进洗衣机里是吗？""你想把自己的衣服给抱抱熊穿上是吗？""你想把抱抱熊绑起来，当作坏蛋惩罚是吗？"如果妈妈猜对了宝宝的想法，宝宝就会点头。

妈妈用这样的方式引导宝宝，不但教会了宝宝遇到难题怎么向妈妈求助，同时也教会了宝宝怎么与人沟通，提高了宝宝的语言表达能力。

2. 等宝宝发泄后疏导

既然宝宝把尖叫当成表达情绪的一种方式，那么阻断宝宝肯定不会收到良好的效果。情绪就像决堤的水，堵是堵不住的，更何况你面对的是一个自控能力比较差的孩子。与其盲目地去堵，导致情绪泛滥，不如让宝宝尽情地发泄。发泄完了，宝宝就安静了。

即使宝宝想通过带有情绪的尖叫来威胁妈妈满足他某项不合理的要求，当他发现这种方法不管用的时候，他就会放弃使用这种方法。宝宝可是很聪明的！

不过，等宝宝平静下来后，妈妈最好跟宝宝沟通一下，让宝宝明白这样的做法不好，是一种不被赞赏的行为。妈妈做事是有分寸的，合理的、正确的需要只要宝宝说出来，妈妈就会满足，而不正确的要求，即使尖叫一天，妈妈也不会答应的。

第四章

尊重宝宝智力发展过程中的“怪现象”

3岁前宝宝很“健忘”

莹莹在奶奶家住了2个月后，回到了城里，跟爸爸妈妈生活在一起。奶奶院里的樱桃熟了，樱桃最有营养了，奶奶摘了满满一篮子，赶了个大早乘公交车送到了城里，一路上奶奶想着孙女甜美的笑容，心情真是好极了。

可是，到了儿子家里，奶奶有些伤心。孙女都不认识奶奶了！奶奶想抱抱，莹莹扭来扭去，不让奶奶抱，搞得奶奶都有些伤心了，连连说：“才这么几天就把奶奶忘了？真是个小没良心的！”

3岁前，宝宝的记忆形式

为什么宝宝和奶奶才分别这么几天，就不记得奶奶了呢？这要通过探究宝宝的记忆能力才能知晓其中的奥秘。

研究发现，人类的大脑分为旧皮质和新皮质，旧皮质在婴儿出生后6个月就已经形成，它是记忆的储藏库，主要用来装载潜意识。新皮质在出生后逐渐增长，用来装载人类的显意识。人类之所以“丢失”3岁前的记忆，产生“幼年健忘”，一个重要的原因是3岁前皮质的各个区域还没有完全发育成熟，宝宝在成长过程中识记的材料促使了大脑的发育，后发育的脑区的结构又控制了先发育的脑区，妨碍了原先记忆的东西，从而使人们无法回忆起更早发生的事情。

3个月大的宝宝可以记住前一天第一次看到的东西。此时宝宝出现了怕生的现象，因为他已经能够通过自己的记忆分辨熟人与陌生人了。

5个月大的宝宝可以记住两周前第一次看到的东西。

9个月大的宝宝活动记忆能力开始发育，宝宝能够准确地捕捉到发生在他面前的事情。

1岁以后，宝宝记忆力开始发育，能够长久地记忆他经历的一些事情，而且年龄越大，记忆力越好。

到了3岁左右，宝宝能回忆起几个星期以前的事情。

那么，宝宝3岁前获取的信息到哪里去了呢？人类3岁前获取的信息都储存在旧皮质里，以潜意识的形式表现出来。所以，3岁前那些看起来被“丢失”了的记忆实际上还存留在我们的潜意识里，因为婴儿时期还没有掌握语言能力，早期记忆是通过非语言的形式得以记录下来的，所以没法用语言来描述。

3岁前，其实我们的脑海里留存着很多东西，上至日月星辰，下至砖瓦灰沙，还有各种器具、各种颜色、各种人物，可以说数以亿万计算。3岁以后，这些东西依然存留在我们的脑海，并伴随我们终生。

□ 有意识地锻炼宝宝的记忆力

潜意识是一种非常强大的力量，人们一切的认知、喜好，99%来自潜意识。所以，3岁以前，锻炼宝宝的记忆力，不但能够增强宝宝的智力，还能丰富宝宝的潜意识。

1. 让强烈的情绪色彩引领宝宝

3岁前宝宝的记忆富于情绪色彩，因此那些情绪色彩强烈的事情或者情景，像兴奋的、悲伤的、愤怒的等强烈的情绪，他会印象更加深刻。但是，妈妈一定要给宝宝正面的情绪刺激。

宝宝出生后，妈妈可以用一些情绪色彩浓厚的语言跟宝宝交流，给宝宝讲故事、念儿歌时，逗宝宝笑，也可以有意识地多选择一些富于感情色彩的内容，如“小鸭子，嘎嘎嘎，扑通扑通下河了”。

妈妈还可以给宝宝念经常见到的鲜艳图片的物品名称，比如“苹果”“桃子”“电视”等。妈妈念的时候声情并茂，更能引起宝宝情绪上的反应。这类物品见的次数多了，记忆就深刻了。

2. 跟随宝宝的兴趣记忆

3岁前宝宝的记忆带有很大的随意性，只要是他感兴趣的事物，他就会记得比较牢固。因此，给宝宝提供记忆素材时，父母要跟着宝宝的需要走，他对什么感兴趣，就给他提供与此相关的记忆素材。

比如，宝宝第一次见到姑姑，就会对姑姑感兴趣。这个时候，妈妈就可以告诉宝宝“姑姑”“姑姑在北京工作”“姑姑回家过年了”。

宝宝喜欢手机，妈妈就可以说：“手机，妈妈的，打电话用！”

3. 多种形式的感官接触

在3岁前，宝宝以情绪记忆、形象记忆为主，妈妈不能把宝宝的大脑当作容纳知识的容器，灌输再多的知识也不如调动起宝宝的感觉器官，让宝宝尽情地去感受，宝宝摸过、看过、感受过、做过的事情印象最深刻，最不容易忘记。

比如，单单对着书本上的线条教宝宝红色，宝宝可能记不住。如果吃苹果的时候，妈妈对宝宝说：“来，吃个大红苹果！”在这样直观的视觉刺激下，宝宝就记住了红色，重复吃过几次苹果后，记忆就更深刻了。

4. 重复记忆法

3岁前的宝宝记忆时间比较短，为了让宝宝多记住一些事情，妈妈可以根据宝宝的这个记忆特点，在睡前跟宝宝回忆一下当天特殊的经历、发生的有意义的事情。过几天后，再和宝宝谈论谈论，这样，经过重复记忆，宝宝就能多记住一些事情了。

比如，宝宝吃苹果的时候，妈妈可以提示一下宝宝：“昨天，我们去姥姥家，姥姥给宝宝吃什么了？”宝宝说：“苹果！”妈妈就可以说：“姥姥知道宝宝喜欢吃苹果，就早早给宝宝准备了大红苹果。宝宝去了，姥姥还给宝宝削皮。姥姥对宝宝真好！宝宝长大了要孝敬姥姥啊！”

这样，在无形中，就对宝宝进行了亲情教育，把感恩的意识渗透到宝宝的思想里。

5. 定个任务

妈妈带宝宝出去玩，或者去朋友家串门，再或者参加集体活动的时候，都可以给宝宝布置任务，让宝宝回去后把自己的所见所闻、所做的事情讲给爷爷奶奶。妈妈提示宝宝，让宝宝留意在动物园里都见到了什么、在朋友家经历了什么开心的事情，宝宝回家跟爷爷奶奶说的时候，如果有回忆不起来的，妈妈可以稍加提示，然后让宝宝继续讲。宝宝复述后，大家赞扬一下，宝宝会产生一定的成就感，以后会更留意。

3 岁前，宝宝不会数数

阳阳 2 岁，妈妈教她数数。练了几个月，从 1 都不能数到 10。妈妈着急了，自己考大学成绩不理想就吃亏在数学差上，可不能让悲剧在女儿身上重演了！可是，不管妈妈多么用心，女儿就是记不住这 10 个数。

吃饭的时候，妈妈让她数数有几个人。阳阳伸出胖胖的手指，一点一点地说："1、5、8、9！"妈妈让她从 1 数到 10，常常是"1、2、3、5、6、8、9、10"，搞得一家人哭笑不得！

妈妈是看在眼里急在心上。别的宝宝都能进行简单的计算了，女儿连数字都不认得，这不是输在了起跑线上吗？于是，妈妈越发每天用心教女儿，可女儿就是记不住。唉，阳阳妈妈真是苦恼极了！

数数，不急

宝宝 3 岁后会进入计数发展关键期，所以 3 岁前的时候，妈妈可以引导宝宝初步建立数的概念。不过，幼儿是借助感觉、动作进行认知的，如果方法不当，宝宝不一定能够记住。

著名心理学家皮亚杰指出，0~2 岁孩子的思维主要表现为简单的外部动作与具体环境事物的相互作用。数字很抽象，对宝宝来讲理解起来很困难。美国心理学家布鲁纳认为，孩子的思维首先表现为动作。

在思维发生和发展的初级阶段，妈妈要多带宝宝做一些动作，因为动作与思维的关系十分密切，即动作的发展可促进思维的提高，反过来，思维的发展又能促进动作水平的提高。如果妈妈让数数这件事与动作结合起来，使其变得更形象、生动，就能充分调动宝宝的触觉、听觉、视觉，就会使得数数这件枯燥的事情变得更直观，更具体。

比如，妈妈在教宝宝数数的时候，可以拿出 10 个苹果，分别组成 1 个、2 个、3 个、4 个、5 个、6 个、7 个、8 个、9 个、10 个。让宝宝通过观察、触摸，切实感受到数字的多少、大小以及先后顺序。等宝宝逐渐记住的时候，妈妈可以把苹果收回到篮子里，然后让宝宝一边从篮子里取出来，一边数。

妈妈平时晾衣服的时候，可以一边晾一边和宝宝一起数数。妈妈每挂起一件，可以问问宝宝："这是谁的？"全部挂完后，问宝宝"爸爸几件衣服""妈妈几件衣服""宝宝几件衣服""一共洗了几件衣服"。做这样的活动的时候，妈妈一定要记得，只是为了促使宝宝计数、点数，对错并不重要，也不要因为宝宝不会做而批评宝宝"笨"。

多做几次这样的练习，宝宝就有了一定的数感，即使不能准确地说出这几个数字，也没有关系，只要平时多练习，循序渐进，就会有效果。妈妈要接受宝宝个体的差异性，切忌对宝宝提出过高要求、进行不恰当的学习方法训练，要知道，早一点晚一点记住都没关系，总比宝宝对数字失去兴趣要好。

◘ 只问耕耘莫问收获

幼儿阶段，宝宝的兴趣还在玩上，妈妈教宝宝学认字，也要想办法让宝宝感受到乐趣。

1. 不要刻意教孩子数数

妈妈可以把数数当成一个"儿歌"、一段"乐曲"，和宝宝在一起的时候，经常念念、唱唱，次数多了，宝宝也就记住了。

比如，有位妈妈在宝宝还不会走路时，就经常在宝宝面前数数。每当她抱着宝宝上下楼的时候，会一边走一边数数；和宝宝一起从玩具箱里取玩具的时候，会一边取一边数……她并没有刻意让宝宝数，时间长了，宝宝有了数字概念。有一次，她数数的时候，宝宝居然跟着一块数，她停下来，宝宝还能接着数。

让宝宝在生活与游戏中学习知识，更能激发宝宝的学习兴趣，这比强迫他去数数效果要好很多，妈妈不妨学学这个简单有效的方法。

2. 在故事中数数

妈妈一数数，宝宝就腻烦，扭头不愿听。这种情况下，妈妈就要另想办法了。宝宝喜欢听故事，妈妈可以把数数这件事放到故事中，让数字潜移默化地进入宝宝的大脑里。

为 0~3 岁宝宝讲故事，情节要简单点。比如，小熊猫过生日，白面猴去送礼。送什么好呢？白面猴从自家的桃树上摘了一大篮桃子，1、2、3……一共 9 个，蹦蹦跳跳地就送去了。小熊猫见到这么鲜美的桃子，连声说："谢谢啊！谢谢好朋友！"

情节简单、有趣的故事，宝宝喜欢听，不知不觉间就让数字进入了大脑，次数多了，就记住了。

妈妈给宝宝讲带有数字的故事的时候，每个故事里的数字不要太多，出现的次数不要太频繁，最好每个故事重复讲多次，这样，宝宝在记住了故事的同时，也就记住了数字。

3. 让数数在涂剪中进行

这个年龄段的宝宝超级喜欢涂鸦，每天都要画很多图画。当宝宝画图的时候，妈妈不妨关心一下宝宝："宝宝，画了几朵花了？""画了几只小白兔呢？""再画一幅，够 10 幅了吗？"宝宝有了数字概念，感知到了多少，当画得多的时候，就会有一种成就感，对画画也有促进作用。

宝宝是个“游戏迷”

即使是很小的宝宝，当他吃饱了、睡醒了，妈妈和他做游戏的时候，他都会兴奋地笑出声音，伸胳膊蹬腿，小手挥舞个不停。长大一些后，宝宝玩起来没够，忘了吃饭、忘了回家，甚至忘了小便。宝宝为什么这么迷恋游戏？游戏对宝宝来讲，到底有多重要呢？

游戏是宝宝的生命

教育家陈鹤琴说：“小孩子是生来好动的，是以游戏为生命的。”宝宝出生2天，妈妈对着他吐舌头，他就能模仿。宝宝2个月的时候，妈妈摸摸宝宝的小腿、拉拉宝宝的小手、冲着宝宝笑笑，宝宝就能对妈妈的引逗作出积极的回应。

有的妈妈觉得，只要宝宝不哭不闹就好了，没有必要陪着宝宝玩游戏。妈妈不要这样认为，因为玩游戏对宝宝的成长来说真是太重要了。

1. 能够增进亲子感情

出生后的小宝宝，非常期待父母的关爱。游戏的过程，是爱传递的过程。和小宝宝一起游戏，妈妈是游戏的引导者，宝宝能从妈妈的微笑、呼唤、拥抱、亲吻中感受到妈妈的爱，以此为基础发展对周围世界的信任，增强生存下去的勇气和力量。

比如，宝宝出生后1个月内，在喂奶的时候，妈妈双眼平静地注视着宝宝，和宝宝进行目光交流，宝宝感受着妈妈的爱，内心是充实而快乐的。

这个阶段妈妈还要对宝宝进行视觉适应能力锻炼、俯卧锻炼、触觉刺激、

“三浴”锻炼等。这些活动有利于发展宝宝的视觉、听觉、动作能力。妈妈和宝宝做这些的时候，最好妈妈亲自参与，在实施的过程中多加入一些令宝宝快乐的亲昵小动作，宝宝会更加感到幸福。

再如，在幼儿时期，妈妈可以为宝宝准备一件贴身的玩具，女宝宝可以是芭比娃娃、绒毛玩具，男宝宝可以是枪支、奥特曼等。平时，妈妈和宝宝玩耍的时候，也带上这个小“玩伴”，仿佛多了一个人一样。对于宝宝来讲，这个玩具是有生命力的，是他的“玩伴”，没有妈妈陪伴的时候，宝宝会把情感寄托在它们身上，不会感到孤单寂寞。

2. 能够促进宝宝成长

宝宝来到这个世上，需要不断地了解这个世界，而游戏就是宝宝认识、了解这个世界的重要方式。

比如，妈妈和宝宝玩躲猫猫。妈妈用手帕盖住自己的脸，宝宝就会觉得妈妈不见了，而睁大眼睛东找西找，神情会越来越沮丧。妈妈把手帕拿开露出脸来，宝宝见了就会开心地又蹦又跳。这个游戏能够锻炼宝宝对妈妈的记忆，发展宝宝的情感智力，逐渐地，宝宝就会明白妈妈的脸并不会永远消失，暂时消失后还会回来，用不着伤心。

再如，妈妈和宝宝玩捡豆豆的游戏。妈妈准备一个小碗，碗里放入几十粒豆豆。然后在妈妈和宝宝面前分别放一个空碗，妈妈和宝宝轮换着从碗里捡豆豆到自己的碗里。这个游戏，能够锻炼宝宝的手眼协调能力，促进宝宝手部肌肉生长，培养宝宝的坚持力。

做游戏的优点太多了，可以培养宝宝的观察力，让宝宝学着认识社会、了解人的社会角色。在游戏中，可以向宝宝传授生活经验，可以开发他的想象力，可以教给他许多知识，可以训练他的语言及运动能力，可以培养宝宝的爱心，让他学会分辨善恶。和宝宝一起游戏还有助于培养宝宝的优秀品质，有助于他养成良好的习惯，有助于增强他的身体素质……

◘ 和宝宝科学地玩游戏

宝宝喜欢做游戏，因为游戏满足了宝宝身心健康成长的需要，使得宝宝的各项能力得到充足的发展。

1. 游戏要适合宝宝的年龄

宝宝在不同的年龄有不同的成长任务，妈妈根据宝宝的身心发展规律喂养宝宝，创造有利于年龄特征的成长环境，提供目标训练项目，就能实现有针对性地进行能力开发的训练。

比如，有一种游戏叫作钻山洞，就非常适合刚会爬的宝宝玩耍。活动是这样的，妈妈将装饮料或者水果的纸箱两边封口剪掉，把棱角揉软一些，就制成了一个山洞。爸爸妈妈分别在山洞的两边，爸爸在宝宝的后边鼓励宝宝钻过山洞，让宝宝去找妈妈。妈妈在山洞的另一边拍手欢迎宝宝爬过来。宝宝爬行的时候，妈妈可以在另一侧唱一些儿歌。

但如果让 2~3 岁的宝宝玩这个游戏，宝宝的兴趣可能不大。因为这个年龄的宝宝，兴趣点在自己的双脚上，双脚可以轻松地把他们带到他们想去的地方。此时的宝宝正沉浸在能够按照自己的意识探索世界的快乐中，怎么肯去爬行呢？

2. 一定要有的几样玩具

要想宝宝玩得有趣，玩具是必不可少的内容。玩具的选择不在昂贵、时尚，而在于宝宝有兴趣玩下去，玩出花样。

对宝宝来讲，比较好的玩具可以是黏土，也可以是橡皮泥、沙子、玩偶、带声光电的玩具、锅碗瓢盆、拼图、积木等。

不同的玩具，对宝宝有不同的作用。

比如，黏土、橡皮泥类。宝宝拿在手里，不停地揉、抓、戳、压、捏、挤、拍、打，充分发挥自身想象力，制作成各种形状的物品，这个过程既刺激宝宝神经末梢发育，又有助于宝宝熟悉并掌控动作力度，以便于在生活中巧妙地应用。

当宝宝制作出不同形状的物品的时候，宝宝体会到通过自己的手部动作有所创造的乐趣，更愿意探索世界了。

再如积木类。积木绝对是一件能够综合提高宝宝智商、情商的玩具。宝宝要想成功搭建出自己想象的形状，就要开动脑筋，这个过程促进了宝宝想象力、思维力的发展。宝宝在搭建的过程中，需要控制好手部肌肉、协调好手眼的协调能力，否则会导致积木倒塌。另外，要成功地搭建出一个不错的建筑，会经历倒塌、再建的数次反复，这锻炼了宝宝的抗挫折能力。

发现宝宝的优势智能

卫卫3岁，幼儿园放假后，妈妈没让卫卫闲着，上午看半小时图画书，练习半个小时数数，下午弹半小时钢琴，妈妈觉得从小抓紧学习，宝宝才不会输在起跑线上。

妈妈这样做，真的能让宝宝将来成为同龄人中的佼佼者吗？

神奇的多元智能理论

现在的宝宝，玩耍、运动的时间大大减少，读书、学习的时间开始得越来越早，这样做，对宝宝的成长真的有好处吗？答案是否定的。这样做不但带来了一些成长的负面效果，比如近视，动手能力、体能、自理能力较差等，也不利于宝宝的智力发展。

本来是玩耍的年龄，为什么那么多妈妈把宝宝送进了各种培训班，让宝宝去上课呢？很多妈妈觉得让宝宝尽早进入学习的状态，宝宝才能赢在起跑线上，才能走上通往好学校好工作的道路。著名教育家叶圣陶老先生说："教育是农业而不是工业。"既然宝宝的成长是个长期的过程，抢跑快慢的作用就不是很重要了，还是要遵循宝宝的身心特点和年龄特征，给予适合宝宝智能特点的教育。

如果在幼时透支了宝宝的能量，无异于拔苗助长，对宝宝的成长来讲不是前进而是后退，最终会因后劲不足而输掉整个人生。所以说，所谓的不让宝宝输在起跑线上，过早地让宝宝进入学习状态，是一种不科学的教子观念。

我们都知道，3岁前的宝宝并不具备学习知识、技能的能力。他们的神经系统还没有发育完全，无法控制自己的情绪和动作，所以会出现很多失误。而这个时候是宝宝建立自信的关键期。

自信心的建立需要宝宝反复体验成功，并获得家长的鼓励和肯定才能形成。如果宝宝总是去做一些己所不能的事情，宝宝反复地体验挫败感后，不但无法形成自信反而会自卑。而一个没有自信的孩子，他的一生注定都会在失败中度过。即使宝宝战胜了自己，在长大后重建了自信，他的幸福指数也会很低。幼时的否定环境，已经在宝宝心中烙下了很深的烙印，会时不时地蹦出来给宝宝的幸福滋味增添一丝苦涩。

当然，3 岁前是决定宝宝一生的重要时光，妈妈除了培养宝宝的各种能力外，还要在各项智能发展的关键期仔细观察宝宝，发现宝宝的独特智能，以便把宝宝培养成为一个有特长、有个性的人。

美国哈佛大学教育研究院的心理发展学家霍华德·加德纳将人的智能分为 8 个方面，即语言智能、音乐智能、数学逻辑智能、空间智能、肢体运动智能、内省智能、人际关系智能和自然观察智能。

多元智能理论不仅为我们提供了开发孩子智力、潜能的理论基础，同时也告诉我们这 8 种智能因素同等重要，不能将语言智能和逻辑数学智能置于最重要的位置，不管宝宝是不是具有这些方面的天赋，都去上奥数班、作文班，而是要先看看宝宝是否具有这两方面的天赋，同时是否具有另外几种智能中的某一种。

妈妈在判断孩子具有哪方面的智能的时候，不能看宝宝在幼儿时期甚至学前期的表现，而是要看孩子解决实际问题的能力和创造力。比如，宝宝在听了一段音乐后，就能完整地把旋律唱出来，妈妈就可以多让宝宝听听音乐、唱唱歌谣、学习一些乐器等。妈妈所做的这些，只是处于开发宝宝这项智能的层次，而不是照着音乐奇才去培养宝宝，等宝宝的才华显现出来后，再确定是否要重点培养宝宝的音乐智能。

◘ 早教：发掘而不是填鸭

英国著名哲学家、思想家、教育家约翰·洛克在《约翰·洛克的家庭教育》中说：“家庭教育不仅是基础教育，而且是主导的教育，给孩子深入骨髓的影响，是任何学校及社会教育永远无法替代的。”

培养一个有特长的孩子，是每位家长的目标，也是培养孩子成才的重要方式。但是，培养特长不是想当然地让孩子去做什么，也不是父母想让孩子成为什么样的人就怎么培养孩子，而是要通过观察孩子的举止，去发掘孩子的特长，然后再决定如何培养。

著名翻译家、学者傅雷先生的长子傅聪能够成为一代音乐宗师，与父亲从傅聪本身出发，不断发掘他的潜能有关。傅雷精通美术理论，所以他有心让傅聪学画，但是傅聪没有绘画的天赋，反倒是对音乐有些感觉。观察了一段时间后，傅雷放弃了让傅聪学画的打算，而是下定决心把傅聪培养成音乐家。事实证明，傅雷的做法没有错。

在生活中，妈妈最容易犯的一个错误是拿孩子的劣势方面和其他孩子的优势方面相比。比如，当别的宝宝已经能够说一大段话，而自己的宝宝只能说单个的词语，妈妈着急了，不管宝宝多么热衷于手中的图画，都要把宝宝拽过来，教宝宝说话。

这对孩子是不公平的，因为不同孩子的发展水平是不一样的，智能优势也是不一样的，所以，表现出来的特长也不一样。不同孩子的发展速度也不一样，每个孩子既有发展慢的某一方面，也有发展快的某一方面，支持发展快的方面，多训练发展慢的方面，才是最好的做法。

宝宝不认字

洽洽要去幼儿园了，妈妈开始教他一些简单的汉字，洽洽虽然学得很认真，可是很快就忘记了。妈妈很着急，这个孩子是不是很笨呢？

建立自我比识字重要

3 岁前的宝宝记不住字，并不代表宝宝笨。这个年龄阶段的宝宝，记忆保持时间比较短暂，所以容易忘记，这跟脑子聪明还是笨没有关系。

孩子在 6 岁以前，有一项重要的任务，就是建立自我。刚刚出生的宝宝，觉得自己和这个世界是浑然一体的，只有借助于外界环境、内在生命的觉醒，才能逐渐把自己和这个物质的世界剥离开。这些需要感知，需要宝宝先充分体验到妈妈陪在身边并建立对这个世界的信任，然后通过妈妈不得不去工作的分离来分清母子关系；需要宝宝通过对环境的探索认知自己生活在一个环境中等，逐渐地把自己与这个世界剥离开，建立自己与自己、自己与周围世界的关系。

宝宝在 2 岁的时候，有了自我意识，然后逐渐地建立一个内在的自我。如果宝宝没有充足的时间建立自我，即使长到几十岁，还可能停留在更低生命层面上，只懂得满足简单的欲望。

生活中，我们常看到几十岁的成年人，有的只知道吃喝玩乐，很可能就是因为他们处在口唇器、肛门期的时候，欲望没有获得满足，所以一生都在满足本我的欲望，无法进入自我、超我的境界。

一个人要想生活得幸福，终极需求是来自精神方面的，而精神方面需求的建立，是在满足了幼儿本我需求的基础上的。

几岁的孩子，心思全在玩上，只有充分地玩耍、游戏，才能不断完善自己的认知。如果提早进入学习阶段，除了耽误宝宝各项能力发展，也不利于培养宝宝学习的乐趣，所以，等到了宝宝能认字、愿意认字的时候再认字吧！

陪宝宝多看图画书

一般情况下，宝宝从 3 岁的时候，就能认字了，也能记住一些，到了四五岁的时候，认字兴趣会大大提升。不过，由于宝宝抽象思维能力还没有发展起来，在宝宝眼里字和饭桌、电视、图画、红绿灯等没有什么区别，逐渐地，宝宝才会把一些字与生活中的事物配对。

如果宝宝愿意认字，可以进行，如果宝宝不愿意，妈妈不要强迫。因为对宝宝整个人生的成长来说，人格力量和心理力量要比某项技能重要得多。

当宝宝有认字欲望的时候，妈妈可以通过以下方法支持一下，因为适当的认字能够促进大脑发育，对智力发展是有好处的。

1. 从小培养学习能力

对宝宝来讲，培养他学习的能力要远胜过认得几个字。3 岁左右的宝宝，费劲记住的几个字，上学后很轻松就能记得，而观察能力、感知能力、想象力则是越早培养越好。

妈妈带宝宝出去的时候，看到马路上有车，可以指着车告诉宝宝汽车、火车、卡车、牛车、警车、轿车、公共汽车等。回到家里，妈妈对着图画书教宝宝认“车”字，可以问宝宝：“宝宝，你都见过什么车？”这个时候，宝宝要发挥想象力，把平时所见说出来。

我们周围的环境中，各种花、各种树木都很多，每见到一种，妈妈就可以教宝宝认识是什么花、什么树。等宝宝认识了“树”“花”这几个字后，妈妈就可以考考宝宝。如果宝宝记不起来，妈妈可以描绘出几种花、几种树的形象，也可以指着图画书上的图形问宝宝，这样的学习方法有利于提高宝宝的思维力、概括力，促进宝宝提升观察力。

宝宝喜欢动手，一些动作性的词语，可以通过实际操作来完成。例如，学习“穿”这个字，妈妈可以穿上一件衣服，然后告诉宝宝这就是穿衣服的“穿”。然后，妈妈就可以说文字“穿”“脱”“戴”等动作词语，让宝宝完成一些动作，这样不但培养了宝宝的学习兴趣，也锻炼了宝宝的动手能力。

当宝宝能够熟练说出一些词语的时候，妈妈可以引导宝宝做一些联想。比如看见树，妈妈可以提出“树上飞来了一只小鸟”，然后，让宝宝从识字卡片里找出小鸟。当宝宝见到牛的时候，问宝宝“牛儿吃什么”，然后让宝宝从卡片里寻找小草。这样，宝宝脑子里的画面越多、联想越多，宝宝的思维能力就越强。

2. 选择图画书

对于 3 岁左右的宝宝，图画对宝宝思维的刺激，要远远胜过枯燥的文字。所以，妈妈最好给宝宝选择有图画的识字书。

妈妈可以在家里的物品上贴上字。比如，冰箱上贴上“冰箱”、电视上贴上“电视”、墙上贴上“白墙”等，这样，看实物的次数多了，宝宝就记住了。

带宝宝出门的时候，看到公共厕所几个字，可以指给宝宝看，看到某某公园、某某饭店，都可以指给宝宝看，逐渐地，宝宝就能归纳出同类地方的名称。

妈妈可以一边对着图画，一边给宝宝念文字。妈妈的手指最好指着文字，反复念，每一遍都念得很准确，等宝宝能够背诵下来的时候，让宝宝与文字对号。如此反反复复去做，有利于宝宝认清字形，脑海里留下最初的记忆。

儿歌文字简单、情节单一，文字读起来朗朗上口，容易记忆，妈妈可以从教宝宝儿歌入手开始背诵，然后再把文字对号入座。

宝宝问个不停

2岁多的毛毛，问题越来越多。“电视上的那个人为什么皮肤那么黑?”“天上的星星为什么发亮?”“小鸟为什么会飞?”“我怎么没有长翅膀?”“太阳掉下去会不会破?”“老虎和人谁厉害?”……有的时候，问得妈妈都招架不住了。面对“好奇”又“好问”的毛毛，妈妈该怎么办呢?

宝宝到了“询问期”

宝宝一天到晚围在妈妈身边问“为什么”，标志着宝宝进入一个重要的成长关键期——询问期。进入询问期后，宝宝的大脑处于快速发育阶段，语言和智力突飞猛进。

宝宝不停地提出问题，是因为他有了觉察，觉察到这个世界不是那么简单，因此，他已经不满足于对这个世界进行表面化的观察，而是想挖掘更深层次的内容。宝宝提出问题后，表明他的求知欲、想象力、创造力、学习能力在悄悄萌芽，表明他探索世界的欲望和能力在逐步提高。

有的妈妈觉得宝宝提出的问题只不过是小孩子一时心血来潮的玩闹想法，有兴趣的时候就回答宝宝几句，没工夫的时候就随便敷衍两句，赶上心情不好就训斥宝宝：“你怎么那么多问题啊？一边玩去！”

提问是宝宝抓在手里的一把钥匙，他想用此来打开未知世界的大门，宝宝能够打开多少扇门，妈妈对于提问的态度很重要。如果妈妈不回避、不逃避，耐心启发、引导、鼓励宝宝，那么宝宝就会觉得这把钥匙很好用，会更加积极主动地使用这把钥匙，反之，宝宝可能会丢掉它。

但是，有一点妈妈要引起注意。那就是当宝宝不断地重复同一个问题的时候，比如“为什么要吃饭”“为什么去幼儿园”“为什么喝水”等问题时，可能是宝宝在发泄负面的情绪，比如，他不愿意吃饭、不愿意去幼儿园、不愿意喝水等。

面对宝宝的消极反抗，妈妈要耐心告诉宝宝吃饭、去幼儿园、喝水等的重要性，说完后，再征求宝宝的意见，宝宝就能接受了。

◘ 耐心回答宝宝的问题

为了更好地促进宝宝的生长，妈妈应该以怎样的态度对待总是问不停的宝宝呢？

1. 鼓励宝宝

既然提问对宝宝来讲是好事，那么，妈妈就要尽可能地鼓励宝宝。当宝宝提出问题的时候，妈妈及时耐心地帮助宝宝解答后，不妨鼓励宝宝几句：“嗯，这个问题不错，我家宝宝很有想法。”“有问题就问妈妈，是个好学的好孩子。”

妈妈还可以主动向宝宝发问：“宝宝，妈妈为什么这么爱你啊？”“海龟是因为伤心才流泪吗？”“植物喝的水都到哪里了？”当然，妈妈提出问题可不是为了考住宝宝，所以，妈妈提出的问题一定要是宝宝接触过的，再次提出来，是为了让宝宝有机会巩固、整合学到的知识。

2. 引导宝宝

有的时候，宝宝反复提出同一个问题，这说明什么呢？说明妈妈的答案并没有满足宝宝的愿望。当宝宝再次提出问题的时候，你不妨反问宝宝“你认为呢”“你觉得可以吗”，这样，就能达到启发宝宝把自己的想法说出来的目的。

有时，宝宝提出问题来，心中已经有了答案。妈妈的反问更能促进宝宝积极主动地思考，促进宝宝整合自己的想法。

当宝宝总是不能理解一个问题，妈妈不妨把问题引导到一个宝宝容易理解的内容上。这样，不仅可以绕开宝宝难缠的提问，还可以培养他的发散性思维，重新引起宝宝的好奇心。

3. 考虑到宝宝的认知水平

不管宝宝提出的问题太小儿化还是与生活太远，妈妈都要认真对待，因为对宝宝来讲，那或许是在他的心中萦绕了很久、思考了很长时间都没有想明白的一个大问题。

妈妈回答出来后，宝宝的认知就提高了一个台阶，就会去思考更深入的问题，而不是长久徘徊在老问题上。

4. 妈妈走下“神坛”

在宝宝眼里，妈妈是无所不知的大人。事实上呢？妈妈并非无所不知。当宝宝问出妈妈也不懂的问题时，有的妈妈习惯装懂。这样做，并不利于培养宝宝，反而会在宝宝心中树立一种大人无所不能的印象，从而导致宝宝盲目崇拜大人，形成自卑情绪。

如果妈妈直接告诉宝宝：“这个问题妈妈也不懂，咱们一起寻找答案。”妈妈带着宝宝一起查找答案的过程，其实是在向宝宝传达一种求实好学的精神，也是在教宝宝一种学习方法，当这些潜移默化地渗透到宝宝头脑里的时候，宝宝会一生受益。

宝宝是个“破坏狂”

说起宝宝的“破坏行为”，妈妈们有一肚子的话要说。“我家宝宝是个破坏狂，什么东西到他手里都能拆得七零八落，防都防不过来。”“哎！我才买回一套小音箱，刚装上，就被儿子拔掉了连线。”“刚买的电动小汽车，我还没会玩呢，就被宝宝拆成一堆零件了。”“洋娃娃本来穿着漂亮的裙子，宝宝却把她的裙子给脱了，胳膊也扭了。”“在外边晾了一会儿衣服，没有几分钟，宝宝就把刚换的床单剪了个大窟窿，自己还想当然地用胶水粘。”……

宝宝把好东西弄坏了，妈妈肯定会心疼，可不可以一气之下打宝宝几巴掌呢？

宝宝的破坏也是建构

宝宝把物品拆散了、弄碎了，不管妈妈多么心疼，都不能打骂宝宝。打骂作为一种惩罚手段，用在这么小的宝宝身上，会让宝宝觉得自己做错了事情，以后就不敢这么做了。

那么，宝宝搞“破坏”的初衷，是为了把东西弄坏吗？当然不是。宝宝一定是有自己的想法的。

1. 探秘心理

宝宝是想搞明白这件东西里面藏着什么样的奥秘，为什么能跑、能发声、能说话、这么重、这么小呢？宝宝的小脑袋里满是问题，有了问题他就要想法搞明白，他用他所能支配的体力，咬啊、砸啊、摸啊、摔啊、打啊，不管是钟表、玩具、收音机、笔、电器开关、遥控器，他都要弄一弄。

妈妈打骂、斥责宝宝，无异于是在宝宝的成长路上设置障碍，扼杀掉宝宝宝贵的探索精神，使得宝宝的智力和能力发展受到阻碍。

2. 好玩心理

宝宝生活的主要内容就是玩，看到好玩的东西，他当然要研究研究。至于研究的过程是否会损坏东西，处于单项思维阶段的宝宝当然意识不到后果，所以就有了把妈妈钱包上的照片撕下来、把小猫放到奶奶的帽子里、把花盆里的花朵揪下来栽到其他的花盆里、把圆珠笔芯的头拔下来用嘴吹等行为。

宝宝玩得高兴的时候，不会想到这样做的后果，妈妈要尽可能地做到“不知者不怪”，才利于宝宝的成长。妈妈呵斥、打骂宝宝，都会破坏宝宝的兴致，让宝宝不高兴，甚至会在宝宝心中留下不愉快的阴影，一生都不快乐。

3. 模仿心理

有的时候，宝宝的“破坏”行为是模仿着大人的行为来的。比如，家里的什么东西坏了，大人会带着工具修理一下。宝宝见到家长专注修理的样子，也想尝试一下。

宝宝觉得妈妈化妆的样子很好看，趁妈妈不注意，就把妈妈的口红、粉底等涂到自己脸上，宝宝哪里懂化妆知识，加之手上没轻没重，不是口红弄折了，就是把粉底抹得到处都是。

在这些情况下，妈妈也不能怪罪宝宝。为了减少不必要的损失，妈妈可以事先做一些预防工作。比如，父母做什么事情的时候，一旦宝宝表现出好奇心，妈妈可以告诉宝宝：“你还小，这些化妆品不能拿来玩，如果特别想玩可以在爸爸妈妈的陪伴下玩!”

模仿是宝宝成长的重要方式，宝宝在不断的模仿中，掌握一定的技能，增强自己的动手能力，所以，妈妈不能伤害宝宝模仿的天性。

◘ 支持一下宝宝

宝宝是在“动”的过程中长大的，不管是动手还是动脚，动作不到位的情况会很多。原因在于宝宝的神经系统还没有发展好，不能很好地协调各种动作，小肌肉不够发达，完成不了某些宝宝想完成的动作，于是，一些做法就成了“破坏”了。但是不能低估这些“破坏”，正是因为有了这些不成功的尝试，才有了宝宝的成长。在这个过程中，宝宝的认知提高了、经验增加了、肌肉获得了锻炼、胆量获得了锻炼……所以说，宝宝的“破坏”不可小觑。

既然妈妈需要支持宝宝的很多可能带来“破坏”的行为，就要为宝宝创造一个可供自我发展的环境，让宝宝既获得了锻炼，又不至于伤害自己、糟蹋物品造成浪费。

1. 重视敏感期培养

3 岁前，是宝宝多种特定能力和行为发展的最佳时期。比如，口的能力、动手能力、爬的能力、行的能力等。如果妈妈为宝宝提供了形成这些能力和行为的良好环境，宝宝的这些能力会快速发展起来，促使宝宝进入下一个发展阶段，反之，宝宝的敏感期会延缓。这就是为什么宝宝最初的几个敏感期到来的时间基本相同，到了后面就出现了差异的原因。

妈妈们都希望自己的宝宝赢在起跑线上，而遵循宝宝的成长规律，发展好每一个敏感期，同时又不透支宝宝的自身能量，才是最好的赢取高品质成长的养育方式。

2. 鼓励一下宝宝

几个月的宝宝进入口的敏感期，这个时候，妈妈除了支持宝宝吃手、啃脚外，还可以找出不同的物品，增加宝宝的体验。比如，奶棒、黄瓜条、馒头等。当宝宝用牙齿接触到这些物品的时候，妈妈可以对着宝宝描述：“这是黄瓜条，脆脆的，很爽口，宝宝咬得真好。”

宝宝进入手的敏感期，什么都抓、什么都碰的时候，妈妈可以准备不同的东西，满足宝宝的“抓欲”。比如，把西红柿洗干净放到盘子里，让宝宝抓；把米饭和菜放进碗里，让宝宝抓着吃；把宝宝带到野外，让宝宝触摸花草、沙土；等等。宝宝在用手感知这些东西的时候，心情是非常愉快的。宝宝笑的时候，妈妈可以陪着宝宝一起笑，笑声是最好的鼓励。

3. 让“破坏”上个台阶

宝宝做出“破坏”行为后，不管宝宝当初是出于好奇、好玩，还是模仿的心态，就此放手都不是最好的结局。当宝宝沮丧的时候，妈妈可以加入进来，让宝宝的探索行为绝处逢生。

比如，宝宝把家里的小闹钟拆了，拆坏后宝宝心里一定很不安，他担心妈妈惩罚他。这个时候，妈妈可以引导宝宝试着把小闹钟装上。如果宝宝没有信心，妈妈可以和宝宝一起装。如果还是装不上，妈妈可以带着宝宝去钟表店，让修理钟表的师傅帮助宝宝装上。

这样一来，宝宝不但学会了怎么装钟表，还懂得了一种做事的方式，那就是探索—发现—思考组装—寻求帮助—完美结局。圆满的结局可以带给宝宝更大的心理满足，鼓励宝宝更积极地探索。

当然，为了安全起见，妈妈要告诉宝宝药品、电器、手机之类物品不要私自拆装。同时，给宝宝买回一些可供拼插、组合、捏塑的玩具，让宝宝按着自己的想法建构新的玩具，既开发了思维，也锻炼了动手能力。

宝宝迷恋沙子

妈妈把宝宝带到沙堆边，宝宝自己脱掉鞋子，光着脚丫又蹦又跳，那份软软的感觉不但激活了宝宝的运动细胞，也活跃了宝宝的思维，仿佛鱼儿游进了大海，周身的细胞都被激活了。抓沙、筑长城、垒城堡、挖洞穴……玩到夕阳西下，宝宝都不厌倦。

但是，沙子会弄脏宝宝的衣服，还会粘到宝宝的身体上，可能会有病菌，妈妈要不要阻止宝宝玩呢？

沙堆是儿童的乐园

玩沙对宝宝是一件非常有益的活动。

1. 有利于身体健康

沙子中富含多种矿物质，经常玩要能够提高宝宝的抗病能力。玩沙的时候大多在大自然中，宝宝除了享受到和小伙伴一起玩沙的乐趣，同时也接受了空气浴、日光浴，相对于窝在家里面对电视、卡通玩具、吃不完的袋装食品，玩沙给身心带来的锻炼更良性。

每天窝在家里接触冷冰冰的玩具，生活空间太小，宝宝性格上容易出现自私、急躁、胆小等缺陷，更无从发展团队精神，动手能力、合作精神差。

寒冷的空气可以使宝宝交感神经更趋于活跃，促进新陈代谢，增强呼吸系统抗病的能力。日光中的红外线可使宝宝感到温暖，血管扩张，血液循环加快，新陈代谢增强。而紫外线有杀菌作用，并且可以使皮肤内的7–脱氢胆固醇转化为维生素D，促进肌体的钙磷代谢，预防和治疗佝偻病。

2. 玩沙益于智力开发

婴幼儿的早期发育主要是感知运动的发展，沙子可以提供特殊的感知觉。沙子有流动性，光脚踩上去会下陷，从沙堆高处又可滑下，特别是当抓起一把沙时，指缝中的沙粒流动会给幼儿一种特殊的感受。

幼儿通过铲沙子，既锻炼了手的精细动作和肌肉的力量，又对小桶（容器）与沙子（内容物）之间的关系有了初步理解，尤其是把装满沙子的容器倒扣过来出现一个个造型时，会进一步发展幼儿对空间关系的认识能力。

玩沙可以充分发挥宝宝的想象力，锻炼手的精细动作的能力。在玩沙过程中，宝宝通过堆沙、铲沙、抚摸沙等运动能锻炼手的大小肌肉，提高身体素质和协调能力。宝宝大点后，如果能按照自己的想法挖沙，就能锻炼创造能力与创新意识。在玩沙过程中，宝宝会在不知不觉中了解沙的特性，能提高他探索科学的兴趣。

3. 玩沙有利于宝宝的情商发展

一个宝宝玩沙，很多宝宝都会被吸引。沙堆不属于哪一位小朋友，大家在一起玩，不容易发生争执。而且不用担心弄乱了、弄坏了，玩得尽兴，也增进了彼此的友谊。

□ 最益智的玩法

如果找不到未受到污染的天然沙堆，妈妈可以把沙子淘洗干净在太阳下暴晒杀菌后再让宝宝玩。宝宝可以用沙子做蛋糕、盖高楼、修铁路、画图画等，总之，沙的玩法很多，妈妈引导宝宝发挥想象力才最有趣。

1. 沙堆上作画

妈妈让宝宝找一根树枝，然后把沙堆弄平，教宝宝在沙堆上画画。当然是想起什么、看到什么画什么，简单点儿最好。拿一根树枝或筷子，教宝宝在沙土上画画。可以随意地画，也可以教宝宝画一些简单的形状。

另外，在沙堆上作画，有一个最有趣的做法，就是让宝宝在沙堆上画出自己的手印、脚印、拳印，这样可以帮助宝宝了解身体某部分的形状，让宝宝产生更多的联想，也锻炼了宝宝手部的灵活性及手眼协调能力。

2. 挖沙土

玩耍的时候，给宝宝带上小铁锹、小量杯、小桶，给他准备一把塑料小铁锹，让他随便挖沙土玩，挖满一小桶后，用量杯从里面量出来，数数一小桶能够装几量杯。这个活动，不但培养了宝宝的数感，让宝宝认识了体积，也锻炼了宝宝臂部肌肉的力量。

如果宝宝把某个地方挖出了小深坑，妈妈不妨提示宝宝把脚丫放进去，脱掉鞋袜，让宝宝说说什么感觉。早晨或者沙子比较湿的时候，会是凉凉的感觉；中午被太阳晒过，就是热热的、烫烫的感觉。宝宝了解了不同的触感，逐渐就学会了比较不同的感受。

3. 过筛子

妈妈为宝宝准备几个网眼大小不同的筛子，然后领着宝宝为沙土过筛子。当然，妈妈也可以参与进来。通过玩这个游戏，可以让宝宝了解沙粒也有大小之分。如果宝宝参与了晃动筛子，还能锻炼臂力和身体的协调能力。

如果家里有吸铁石，不妨带上一块。这等于在宝宝不知情的情况下，教会了宝宝什么是磁性。吸铁石在沙子上摩擦，沙子上就产生了磁性，有了磁性就让吸铁石吸了起来，这个情景留在宝宝脑海里，到了宝宝读书后学到这方面知识，理解起来就容易了。

4. 藏宝

玩的时候，带上一些小玩具，妈妈偷偷地藏起来，然后让宝宝寻找。宝宝用双手挖沙找宝贝的过程，既锻炼了他手指的灵活性，也培养了他的耐力。宝宝找到宝贝后会非常开心，他体会到了小小的成功后，做事情就不会轻易放弃。

宝宝“倒视”

可可快3岁了，最近，妈妈发现了一个奇怪的现象，儿子看书的时候，会把书倒过来，而且看得津津有味。妈妈教他正过来看，他不但嚷嚷着不答应，而且还要倒过来看。妈妈纳闷，这样看能看懂什么啊？不是白看了吗？

“倒视”不可怕

眼睛就像一架照相机，外界物体的光线，经聚焦后，在视网膜（相当于照相底片）上形成一个倒像。这种倒像传导到大脑，经综合分析，倒像就被纠正成正立像了。因此，我们平时所观察和感觉到的各种外界景象都是正立的倒像，这就是正常的视觉成像效果。

美国心理学家斯卓登曾经戴了一副类似照相机作用的特制眼镜，于是，他看到的一切都倒了过来。可是，大约4天后，他看到的景物又都是正立的了。原来，他大脑已适应了这种倒过来的图像。可当他摘下这副特制眼镜，他眼前的图像又变成倒置的了。再经过一段时间，才恢复了正常视觉。

所以说，宝宝倒视时间久了依然能看到他想看到的东西，所以，妈妈不要觉得宝宝倒视就没有收获。

在幼儿眼里，没有方位，没有看着舒服不舒服的问题，不管看什么书，文字也好、图形也罢，宝宝都是把上面的形象当作一个整的图谱来看的。比如，宝宝看到一只小鸭子，不管是倒着还是斜着，宝宝都能辨认出是一只小鸭子，对他们来讲，这就足够了，不存在对不对劲、看着方便不方便的问题。

很小的宝宝，他一般都不容易分清“9”“6”“b”“d”，这与他辨识方位的能力差有关，虽然他心里清楚哪一个是什么，但是写出来就不对了，这与他没有这个辨别意识有关。所以，从一定程度上来讲，出现“倒视”是宝宝一定年龄阶段一种特定的认知形式、一种习惯性的行为，因为没有影响宝宝的认知，宝宝觉得自己看到的也是“正立”的图像，无须纠正。

3 岁以前的宝宝，喜欢倒着拿书，是受生理条件限制的。儿童的脑部功能是随着年龄的增长不断发育起来的。幼儿大脑皮层的发育还未成熟，当他拿起书本看时，在视网膜上所成的印象反而是正立的，不影响宝宝观察世界，难怪宝宝不觉得倒视有什么不方便。

宝宝的这种表现在医学上称为“倒视”，是一种正常的生理现象。既然宝宝倒着看书是受生理条件限制，妈妈就没有必要为了这个而着急。随着宝宝不断长大，宝宝懂得了一定的观察技巧，脑功能发育起来了，就能正着看书了。

◻ 帮助宝宝树立“直立”概念

有的妈妈发现同龄的宝宝已经能正常拿书了，而自己的宝宝还倒着看书，就着急，要带宝宝去医院诊断治疗。这完全不必。每个宝宝的个体差异性比较大，所以，倒视持续的时间是不相同的。一般来说，幼儿倒视需要几个月后才能逐渐消失，有的持续时间还会长一些。

但是经过父母正确引导和纠正，倒视持续的时间可以缩短一些。妈妈在日常生活中，可以多和宝宝沟通、交流，锻炼宝宝的思维力，多带宝宝接触外面的世界，活跃宝宝的思维，以促进大脑发育。

宝宝 1 岁以后，视觉基本同成人相近，这个时候如果妈妈教给宝宝一些视觉经验和观察技巧，宝宝 2 岁以后基本就有“直立”概念了。

宝宝拿书的时候，妈妈不要觉得反正宝宝也看不懂，爱怎么拿就怎么拿吧！妈妈可以告诉宝宝这样才是正着看呢：小猪的 4 条腿是冲着下面的，身体在上面；小朋友的头在上面，脚在下面，和我们一样啊，要不小朋友多难受啊。

当宝宝逐渐长大，他的方位意识不断增强，看到的现实世界中的事物在他记忆里留下的印象多了，慢慢就懂得了方位。如果妈妈多引导宝宝，在现实世界中，渗透一些方位的知识，那么宝宝尽早建立直立观念，头脑里有了方位，就会很快度过这个倒视期。

宝宝看动画片的时候，妈妈可以对着电视里的图像说：“看看，那里面的树根都在下面，树叶在上面，跟我们小区里的树木是一个样子的！”妈妈带宝宝去商场，用购物车的时候，对宝宝说：“购物车的车筐在上面，轱辘在下面，这样才能往前走！”

2岁宝宝，把家里翻个底朝天

丫丫2岁，每天睁眼起床后，就开始翻、找、扔。不管是抽屉还是橱柜，或者是卫生间，只要入了她的眼睛，她就得鼓捣鼓捣。妈妈都纳闷："我都收拾累了，宝宝竟然一点儿都不累？"

最令妈妈难以理解的是，家里就那么大的空间，那么点环境，丫丫每天都能折腾出新花样。

那是宝宝的生活

"腾"的一下就从沙发上跳了下来，音箱一下子被调得震耳欲聋，把小狗狗蒙在被子里弄得它嗷嗷直叫，哗啦一下把茶几上的东西都弄到了地板上，穿上妈妈的高跟鞋在房间里扭来扭去……

对于宝宝在家里的折腾行为，很多妈妈都很苦恼，只可惜制止多次后，宝宝依然故我。如果妈妈退一步想，也就不担心了。这么大的宝宝，不捣乱、不折腾，他怎么了解这个世界，怎么提高自身的认知呢？

大多数宝宝都是从1岁开始折腾的。折腾起因于宝宝对这个世界的好奇，他要成长，要满足好奇心，要积累生活经验，那么就只有动口、动手来做了。

宝宝翻抽屉，是要看看里面放着什么。不停地、多次地拉抽屉，就是要看看这个抽屉怎么就能拉开又推进去呢。他要仔细看看里面都有什么东西，这些东西是干什么用的。

如果他的印象里有某人用过某样东西，他是一定要拿出来试试的。如果妈妈是在厨房用的，他也要跑到厨房，在妈妈使用过的那个位置，体验一番。

为了搞清抽屉里怎么放进了这么多东西，他要一样一样地把东西拿出来，然后又一样一样地放进去。在这个过程中，某件东西掉下来砸在了脚上，很疼的话，宝宝就会哭。哭过后，宝宝就会明白，这件东西很重，砸在脚上很疼，以后拿它一定要小心。

有的妈妈见到宝宝哭了，就会呵斥宝宝不小心或者直接把宝宝抱走不让宝宝玩了，临走还说上一句："看看，疼了吧！以后别玩这个了啊！"妈妈这样做，对宝宝并不好。这样会让宝宝觉得这个世界是可怕的，会伤害到他，容易形成消极、退缩的性格。如果妈妈对宝宝说："这件东西是用来砸重物的，你还小，拿不动，容易砸到自己，等长大了再玩！"这样，宝宝就会形成一种认识，自己现在先玩别的，等长大了再玩这件东西，并不会因为这次被伤到而丧失探索世界的信心。

既然对周围世界的探索是宝宝重要的生活内容，那么即使宝宝把橱柜弄乱了、去马桶里折腾，妈妈都不要斥责宝宝，只要告诉宝宝："妈妈每天洗衣服很累，洗完以后还要熨，你以后不要去衣柜里面玩了！不然，宝宝就没有干净衣服穿了。"这样，宝宝就会明白做事情要注意分寸，要尊重妈妈的工作，不能给妈妈带来麻烦。肌肉具有认知和记忆的功能，宝宝的人生经验、认知能力、创造能力等都取决于婴幼儿时期宝宝用手构建的认知结构，妈妈处理好了，宝宝会一生受益。

◘ 抓住这个不错的教育机会

对于 3 岁前宝宝的行为，妈妈不要用成人世界的成功与失败、对与错、有用与没用来评判，要蹲下来，从宝宝的角度去考虑，他为什么这么做？宝宝很小，他需要通过与这个世界的接触，来发展自己的智慧。

比如，宝宝出生后第一个能运动的器官就是口，宝宝不断地用口来感知身边的东西。当宝宝用口唤醒了手以后，宝宝对世界的探索能力就更强了，他能拉、能拽、能攀、能拧、能提、能按。总之，他的一双小手能把家折腾个底朝天。

1. 允许宝宝探索

为了让宝宝获得更充分的探索机会，妈妈可以多给宝宝准备一些可供探索的物品，比如餐巾纸、废旧插座、旧的闹钟、空饮料瓶、广告册、大的纸箱子、废弃的螺丝螺母等。宝宝玩过后，妈妈带领宝宝把东西放进纸箱里，这样就可以避免太乱。在宝宝的主要活动区域，比如客厅地板，铺上地毯，即使物品掉落到地上，也不会发出很大的噪声，这样可以减少对楼下邻居的骚扰。

当宝宝翻到新奇物品，靠自己的双手不能满足好奇心的时候，妈妈最好为宝宝解释一下，这是做什么用的，怎么使用等。这样既让宝宝认识了事物，也避免了宝宝随意鼓捣把东西弄坏的麻烦。

2. 提高安全性

容易对宝宝造成危险的物品，妈妈要想办法不让宝宝碰到。比如，把家里的贵重物品和易碎物品放到高处或者柜子里，能锁的就锁起来。

家里的插板、插座、电脑的各种连接线等，是宝宝非常好奇也是最容易接触到的东西，妈妈可以买一些安全插座套，不管是两相还是三相，都能轻松搞定，保证安全。

3. 界定探索范围

有些物品宝宝是不可以动，但是又不能藏起来的，比如手机、座机、宠物、玻璃杯、冰箱、洗衣机等，妈妈可以事先给宝宝设定个界限："宝宝，手机不能动！摔坏了就不能打电话了。""家人不在身边，别弄小狗，它会欺负小宝宝。""喝水的时候，用两只手拿杯子。"妈妈对宝宝说的次数多了，宝宝就记住了哪些东西自己不能碰。妈妈在界定某件东西不能动、某件东西能动的规则之前，最好陪宝宝好好玩玩这个物品，满足了宝宝的好奇心后，宝宝的兴趣才会发生转移。

4. 及时制止

每个家庭总有些东西是宝宝不能动的，比如一些成人物品、贵重物品之类的。即使妈妈很仔细地收拾，也有收藏不到位的时候。一旦被宝宝发现，妈妈可以用其他更有趣的玩具吸引宝宝的注意力，当宝宝注意力转移以后，妈妈就赶紧收拾起来。

宝宝是个小电视迷

拉拉从1岁多的时候起，不管有没有想看的节目，只要待在家里就要打开电视。妈妈从没有限制过宝宝看电视，这是因为拉拉一开口，就有很多文明词语，有些很新潮、很文雅的语言，而平时爸爸妈妈都不会说。妈妈觉得这是有电视陪伴的好处。那么，电视真的能够陪伴宝宝成长吗?

电视不是宝宝的伴儿

宝宝天生对颜色、声音比较敏感，电视精彩的画面、动听的音乐对宝宝很有吸引力，所以，宝宝出生后不久就喜欢上了。3岁前的宝宝，适当看些电视的确会促进语言能力发展，因为宝宝的语言学习主要是靠模仿。但是，宝宝看电视时间过长，就不一定能收到良好的效果了。

日本小儿科学会公布的一项调查结果表明：2岁以下的婴幼儿看电视的时间越长，语言表达能力越弱。每天看电视超过4个小时的婴幼儿，其语言发育程度和表达能力要大大低于不看电视的婴幼儿。

宝宝看电视过长，除了不利于语言发展，还有很多不良后果。

1. 影响身体健康

宝宝的视觉和神经系统的发展是一个长时间的过程，处于发展阶段是不能接受过强的刺激的。电视上不断闪烁和变换的画面，对幼小的宝宝而言，是超出其视觉和神经系统承受能力的一种刺激，影响视力不说，还容易导致结膜炎、点状角膜炎。

宝宝看电视时，身体一动不动，缺少运动，还会导致宝宝发胖，变成“电视土豆”。有研究证明，如果每天看电视超过 3 小时，持续 2 周以上，会导致宝宝心律失常。

除此以外，婴幼儿长时间、没有选择地看电视会导致 50 多种病症，如多动、头痛、腹痛、睡眠障碍、厌食、遗尿、恐惧症以及皮肤斑疹等。

2. 影响大脑发育

宝宝出生后，大脑皮层发育的第一个部分是感知觉区，小宝宝需要通过多种感知觉，比如口的动作、手的动作等来获得对物体的感知，并进行比较、分类，最终形成概念。当某些特定的时刻，新的突触连接大量形成的时候，学习某项技能的效率会很高。如果宝宝错过这个时期，就会影响宝宝各种能力的发展，包括脑部发育。而宝宝坐下来看电视，正是耽误了宝宝获得技能的绝佳机会。

电视带给宝宝的是直观的音像刺激，宝宝始终在被动地接受图像，免去了主动分析和加工所看到的东西的过程，弱化了大脑的思维过程。

加州大学一位临床教授曾表示，在自己严格把控电视节目的前提下，6 岁的儿子仍然受到了看电视的负面影响，他的儿子只要一看电视，就对四周环境没有反应，一关掉电视就变得焦躁。而且看电视后，他的动作变得冲动、不协调，游戏内容也不再像过去用木棍与石头做东西，取而代之的是重复演出电视节目的内容，不再是自己创造主题，缺乏自己的想象。

那么，宝宝何以那么喜欢电视呢？待在家里的时候，即使不看，也要把电视打开。原因很简单，就是因为宝宝缺少大人的陪伴，缺少填满他们幼小的饥渴心灵的有益活动，会说话的电视成为了填补他们寂寞的首选伙伴。

更何况，很多妈妈认为宝宝安静地看电视很安全，不用担心宝宝磕了碰了身体。为了防止宝宝缠自己，他们会主动打开电视，对宝宝说：“宝宝，喜羊羊又开始演了！”只要打开电视，总有一个或几个台，在不同时段播放《喜羊羊与灰太狼》，高频率的重复播放也是吸引宝宝看电视的一个重要原因。

其实，从宝宝的生理发育来看，他真正喜欢的是能带动自己全身器官比如眼、口、四肢等活动的游戏项目，比如游戏、阅读、户外活动、比赛等。因为 3 岁前的宝宝正处于口、手、爬、行等活动的关键期，他更愿意活动。但这个阶段的宝宝又是受大人影响的，当大人们坐在沙发上看电视并经常让宝宝看电视的时候，他就养成了看电视的习惯。

如果妈妈肯花心思去安排一些活动，并经常性地带宝宝去活动，你会发现你偶尔和宝宝一起看电视的时候，宝宝会拉着你出去玩，而对电视不感兴趣了。

□ 有选择、有限制性地看电视

对宝宝来讲，看电视是一项既有益处又有害处的娱乐活动。作为宝宝的养育者，要细心处理好这个问题，让电视在宝宝的成长过程中发挥积极的促进作用。

1. 要限制观看的时间

1 岁以下的宝宝不要看电视，3 岁以前的宝宝要严格控制看电视的时间。每次控制在 10 分钟~15 分钟，每天看电视的时间限制总共在 1 个小时内，这个时间对一个活跃的孩子来说，已经很长了。

为了防止宝宝养成看电视的习惯，宝宝的卧室不要放电视；吃饭的时候，不要把电视打开；妈妈做事的时候，不要让宝宝在客厅看电视，可以带着宝宝一起洗澡、拖地等。

有几个时间段是不适合看电视的，比如吃饭时候、睡觉前。坚决制止宝宝边看电视边吃饭；看电视的时间不要定在饭后，宝宝吃饱坐着不动会导致肥胖；睡觉前不要看电视，以免宝宝的大脑受到刺激，入睡困难。

2. 选择平和、安静的节目

有的妈妈觉得宝宝看动画片很合适，事实上，并不是所有的动画片都适合宝宝看。有的动画片里有大量武打内容，只会让宝宝学习暴力、习惯暴力，在他幼小的心灵里留下暴力的阴影。有的宝宝直接就模仿了，不高兴了摔东西，高兴的时候到处挥舞，有时对着小伙伴打，这样是很危险的。所以，妈妈要根据“卡通分级”选择标准的儿童卡通，最好陪宝宝一起看，一边看一边讨论。

3. 尽量和宝宝一起看电视

如果妈妈有一定的看电视的规则，就能为宝宝树立一定的行为规范。有几点规则，是需要妈妈监督宝宝的。

眼睛距离屏幕一般以 4 倍~6 倍于屏幕对角线的距离为宜，电视机荧光屏的中心位置，应略低于宝宝的视线或与视线等高，以免眼睛产生疲劳。

不要在太暗太亮的环境中看电视。光线太亮或者太暗，眼睛都不舒服。婴幼儿的听觉器官十分娇嫩，长期听过大的音响，会麻痹宝宝的听觉，降低宝宝听力的灵敏度。

看完电视，妈妈最好给宝宝洗洗脸。因为在看电视的过程中，荧屏表面产生的大量静电荷吸引空气中的灰尘会附着在宝宝的皮肤上，会伤害到宝宝娇嫩的肌肤。

第五章

从小“细养”出来的好性格

宝宝很“宅”

小云虽然还不到2岁，却有将近两年的“宅龄”了。小云出生后，爸爸妈妈要忙工作，主要由爷爷奶奶照顾她。爷爷奶奶腿脚不方便，很少出门，小云就跟他们在家里玩。

在家里，小云的生活内容比较单一，无非就是看电视、玩玩具、跟爷爷奶奶做游戏。生活这么单调，大多数的宝宝都会烦。没想到，小云和别人不一样，用爷爷奶奶的话说就是“很乖的”。只要有电视、玩具，不哭不闹能玩一整天。

每当爸爸妈妈休息，想带小云出去玩，小云都不怎么感兴趣。有一次，妈妈硬把她带到了公园里，想让她在有阳光、绿树、微风的环境里和小伙伴们一起跑跑跳跳。谁知，小云像木头人一样不会动了，只是呆呆地望着来来往往的人群。不到一刻钟，就开始喊回家。有的宝宝把皮球扔到她脚边，她动都不动，爸爸妈妈无奈，只得打道回府。心想，不愿意出来，就在家待着吧！

随着大人生活日益变“宅”，像小云这样的“宅宝宝”越来越多。怎样养育这样的宝宝呢？案例中父母的做法显然是不妥当的。

“宅”在家里，不利成长

日本“早期发展协会”的创造者井深胜先生认为：“运动的基本技巧一定要在婴儿期进行训练，否则就太晚了。”

婴儿处于大脑皮层发育的敏感期，在环境刺激的影响下，神经纤维和突触以惊人的速度增长。随着神经元之间联系的建立，环境刺激对它们的生存必不可少，受到环境刺激的神经元能够不断地发育出新的突触，而没有受到刺激影响的神经元则很快就死亡。这表明，在突触生长发育的高峰期，向婴儿提供合适的环境刺激非常重要。

发展心理学认为，动作是婴儿智力发展的载体。要想宝宝智力发展迅速，就要给宝宝创造运动的条件。

3 岁以前的宝宝，大脑发展得最迅速。到 2 岁时，大脑皮层活动已基本接近成年人的标准。

妈妈带孩子走进大自然更能够刺激更多的神经元发育出新的突触。因为大自然的玩法要远远多于家里，大自然富有变化的、灵动的特性会带给宝宝更多的刺激，各种动作直接受神经系统的支配和调节，肌肉中的神经可将各种刺激传到大脑，能让宝宝找到他与这个世界的关联，让大脑的反应更加灵敏。即使最普通的沙子、泥巴、小动物、小昆虫、小花瓣等，都可以有多种玩法，更甭提还有其他宝宝加入后会变成多个主角的游戏乐园了。

如果宝宝不怎么游戏、活动、运动、玩耍、淘气，只是每天窝在家里，吃吃喝喝，看电视，玩一些运动量较少的电子游戏、玩具，那么影响的不单单是宝宝的智力、身体发育，宝宝的交往能力、语言表达能力、运动能力都得不到充分锻炼，很容易让孩子成为细胳膊细腿的内向孩子。

聪明的妈妈在宝宝出生几个月后，就会带宝宝出去玩，晒晒太阳，观察自然界的万事万物，让街坊邻居抱抱逗逗。

孩子大一些，他们就让孩子自己下地玩，见着什么就摸摸、看看、研究一番，充满了“发现”的乐趣。既开发了大脑，也收获了一种新的思维模式，为长大后的生活奠定了“灵感基础”。

◘ 带宝宝活跃起来

1~3 岁是动作发展的关键期。此时，宝宝已经会走路了，特别活泼好动，父母支持宝宝多运动，有助于宝宝肢体动作正确、熟练，除了能锻炼肢体大肌肉外，也能促进肢体小肌肉发达，达到手眼协调发展的目的。运动不仅能使宝宝养成良好的动作习惯，也能帮助其智力的发展。

1~3 岁的宝宝主动性特别强，什么事情都想自己试试。家长可以因势利导，首先鼓励他们自己穿衣、吃饭、洗袜子、帮妈妈递东西、摆放物品等；然后，根据宝宝身体素质，引导他们游泳、做体操，练习简单的舞蹈动作，等等。

1~3 岁的孩子最好动，要想孩子不“宅”，只需尊重孩子的成长特点，做到以下两点就够了。

1. 妈妈不做“宅女”

在 3 岁以前，大部分的宝宝跟妈妈在一起的时间比较长。如果妈妈或者宝宝的养育者比较宅，平时不出门，喜欢窝在家里看书、看电视、玩电脑，那么受其熏陶，宝宝会不知不觉地习得与他们类似的习惯，不愿意走出家门，不愿意参加户外活动，不喜欢跟人接触。

笔者认识一个宝宝，宝宝的妈妈性格内向，除了上下班几乎不出家门，和小区里的人也没有什么来往。夏天的傍晚，娘俩儿出来散步，看到小区里三五成群地在一起聊天、下棋，妈妈不知道做什么，只得拉着宝宝回家了。妈妈这么宅，孩子怎么能活跃呢？

为了孩子，性格内向的妈妈要努力改变自己，多参加社会交际。其实，做一名活跃的家长并不难，平时多和身边人走动，闲暇时候约上朋友一起参加体育锻炼，带宝宝一起去郊游、野餐、散步、运动，潜移默化地，宝宝受到影响，就会逐渐地喜欢去户外活动，而不是整天赖在家里。

2. 妈妈陪着宝宝玩

对宝宝来讲，最幸福的事情莫过于有父母的陪伴。父母在的时候，他会更加活跃、更加感受到自己的价值，战胜困难的能力也更强。

妈妈可以陪宝宝一起看图画书、一起玩捉迷藏、一起折纸、一起丢飞机、一起短跑、一起玩沙、一起放风筝、一起捉小虫……家长可以和宝宝比赛，说好谁赢了就给谁发奖品。比如，丢飞机的时候，家长可以故意用劲小点儿，让宝宝的飞机飞得更高更远，宝宝赢得奖品后，就更乐意玩了。

妈妈除了在家里和宝宝玩，还要经常性地把宝宝带出去，让宝宝体验与小朋友一起玩耍的快乐。最好与其他妈妈结成“伙伴妈妈”，平时在一起联合搞一些亲子游戏，比如拍拍手、捡树叶、扔皮球、扮动物等，让宝宝参与进来，享受大家合作的乐趣。

晚饭后，妈妈在遛弯的时候，把宝宝带到小朋友中间，让他们自由玩耍、追逐、嬉戏。每天坚持去，时间长了，宝宝不但养成了出去玩的习惯，还能交到很多朋友，宝宝就更爱走出家门了。

在家是“龙”，出门成“虫”

健健是一名3岁的小男孩，平时在家里“横行霸道”，不管是长辈还是同龄人，什么都要顺着他。他看上的玩具，别人不能动；他想要什么，别人立马就得去拿，晚一会儿就大喊大叫。虽然健健在家里高声说话、大摇大摆，但是到了外面就像变了一个人，经常被小朋友欺负哭。

强强也是3岁的小男孩，在家里时，活泼好动，还有点儿贫，整天黏住爸爸妈妈做游戏，即使看动画片时也是乐呵呵的。可是，一到了外边，小脸就绷紧了，谁逗都不笑一笑。

君君2岁了，在家爱说爱笑又爱跳，活脱脱一个小“话痨”。到了外面，就不行了，怯生生，羞答答，还得拉着妈妈的手，想加入小朋友的团队，都得妈妈送过去。

宝宝在家是条“龙”，为什么出门就成“虫”了呢?

龙变虫：社会退缩性行为

社会退缩性行为是指儿童不能主动与同伴交往，不愿到陌生的环境中去，表现出害怕、胆小、退缩、沉默寡言等行为特点。这种孩子，平时表现正常，在他们熟悉的环境中，能高高兴兴地谈笑与玩耍，一旦处于社交情境或集体生活中，他们就出现异常反应。

社会退缩会使得儿童难于应付各种人际交往而变得自卑和胆怯，在一定程度上影响儿童的健康成长。因此，家长们需要了解孩子产生社会退缩行为的各方面原因，才能了解如何预防和矫正社会退缩行为。

引发儿童社会退缩性行为的原因目前主要有以下几种。

1. 家庭环境影响

现代家庭以独生子女居多，无形之中减少了孩子与同伴交往的机会，加上城市独门独户的生活环境，导致人际间接触减少。大人不交往，宝宝交往行为必然减少，宝宝缺少必要的交往历练，就不知道怎么交往了。有的孩子表现为逃避、无所适从的状态。

有的父母过于溺爱宝宝，不但包办一切事情，而且宝宝怎么样都可以容忍，导致宝宝在家里有恃无恐，甚至放肆妄为。到了群体中，宝宝失去了特别关照，如果心理调适与平衡能力较差，便产生退缩心理。

2. 宝宝个性问题

有的宝宝性格天生就内向、害羞、胆小，在家里备受娇惯，到了和外界接触的年龄，妈妈没有有意识地锻炼宝宝的社交能力，宝宝开始社交行为后，妈妈没有引导宝宝怎么跟小朋友相处。所以当有别的孩子过来玩的时候，宝宝一方面感到陌生、不知所措，另一方面觉得自己的世界被别人搅乱，感到非常委屈，就会退回到自己的世界。

3. 安全感不足

宝宝小的时候，因为种种原因没有建立起足够的信任感，安全感比较差，缺乏对周围人的信任，见到陌生的人和事容易恐惧，即使想交往，也会因为对人的怀疑而排斥友谊，做不到持久、真诚地与人相处。

4. 在交往中触礁

有的宝宝刚刚走向同伴群体的时候，遭遇到了令他恐怖的事件或者曾经被同伴孤立、拒绝、欺负，妈妈又没能及时抚平宝宝心灵的创伤，让宝宝觉得同伴是不友好的。在这种消极心态的暗示下，宝宝自然惧怕与同伴交往。

要想宝宝家里家外一个样，能够大大方方地完成社会化进程，妈妈要给宝宝一个完好的社交“前环境”。

◘ 2 岁以后， 鼓励宝宝多与人交往

每个家庭的情况各不相同，每个宝宝的个性、气质更是千差万别，造成“龙

变虫”的原因自然也是各不相同的。宝宝家里家外表现不同，还需要爸爸妈妈仔细观察和分析，找到合乎自家问题的原因，然后对症下药。

1. 营造利于成长的家庭环境

宝宝“出门变虫”，源于他对外在环境的不熟悉和不适应，所以，父母首先要统一家里家外的行为标准。在家也要用正常的、规范的社会交往规则要求孩子，即使宝宝不习惯，妈妈也要坚持，因为家是宝宝走向社会的第一个演练场，在这个小社会里演练好了，到了大社会后宝宝就会如鱼得水，不易受伤。

当宝宝使用一哭二闹的招数后，妈妈也不能心软。学好不容易，学坏快着呢。因为宝宝一旦得逞，他便自以为他是可以为所欲为的，自然会不再关注自己的行为是否符合社会交往规则了。所以，妈妈勇敢而坚决地说出“不”字，才尽到了做妈妈的责任。宝宝才会懂得，不符合社会规则的，在哪里都行不通，会被拒绝。当他真的被拒绝的时候，也能从心理上、习惯上坦然接受。

2. 培养宝宝的自主性

自主性比较强的宝宝掌控自我、探索世界、适应环境的能力比较强，内心的力量也会很强大。即使遇到了一点困难，他们也不会轻易放弃，更不会很软弱地屈服。

3. 引领宝宝交往

宝宝的交往、交际能力，主要是在社交中锻炼出来的。即使是不善于交往的宝宝，如果妈妈积极引领宝宝交往，宝宝也能成为善于交际的人，这就是习得的力量。

交往能力的提高，其实是润物细无声的。妈妈可以利用一切与人接触的机会，引导宝宝与人礼貌交际。妈妈带宝宝去社区活动场地、公园、早教机构、超市等地方，鼓励宝宝向人问好，如物业管理人员、保安、邻居等；在超市购物遇到困难，鼓励宝宝向工作人员求助；去餐馆吃饭，鼓励宝宝跟服务人员打招呼。宝宝与人交往多了，社交能力和社交自信就会大大提升。

宝宝喜欢听好话

有妈妈说，我家宝宝就喜欢听好话，人家夸他帅、漂亮、懂事，他可美了。如果说他一句不好，或者夸奖别的孩子几句，他就会大喊大叫，蹦起老高以示反抗。宝宝这样，将来岂不是要吃亏？

夸奖对宝宝成长有利

爱听好话是人的天性，宝宝当然也不例外。如果你想让宝宝做一个表情或者唱一首歌，夸奖一句“宝宝真乖”“宝宝表演得可好了”，宝宝就会开心地笑起来，然后高高兴兴地展示自己的才艺。

宝宝爱听好话，是确立自我生存的信心、建立自尊的需要。

幼儿是在与外界环境的互动中发育成长的，成人的关注是他们的生理需要、安全需要得以满足的首要条件。这里的关注，除了在宝宝出生不久后及时满足宝宝生理上的需要外，还包括满足宝宝精神上的需要，让宝宝确定自己是被父母喜欢的，父母非常爱自己。

1 岁之前，当宝宝借助哭闹、微笑等手段吸引成人的注意力的时候，妈妈最好回应宝宝几句：“哦，宝宝，妈妈听到你喊了，马上就赶过来陪宝宝玩！”

1 岁以后，宝宝能够独立行走了，还能完成更多的较复杂的游戏，这个时候，他们热衷于向妈妈展示自己的成果。比如，看自己搭的积木、画的画、做的某个动作，要求父母帮自己数拍球的次数等。当孩子发出这种邀请的时候，妈妈一定不要置之不理，应走上去，欣赏一番后，夸奖几句“这个房子搭建得真有新意”

“这张画，很有创意，儿子用心画了” “宝宝拍球的技术有进步，继续努力啊”……在妈妈肯定的话语中，宝宝能获得自信和自尊，有了做事情的信心。

被肯定有利于宝宝建立完善的自我，而一个人格健全的宝宝，是能够听进别人的善意的批评的。所以，妈妈的夸奖也不能过多过滥，以免滋生宝宝的虚荣心。

现实中一些被宠坏了的宝宝，总觉得自己比别人都强，事事都要拔尖争“第一”，不允许别人超过自己，也不允许自己失败，听不得别的宝宝受表扬，对某方面比自己强的同伴不屑一顾。这种不顾一切追求完美的人格倾向，会使得宝宝陷入过分追求完美的自我压制中，活得很累。

有的妈妈习惯于夸奖宝宝的人格和结果。这样的夸奖动不动就把事情上升到好坏、对错上，会让宝宝以成人的好恶标准来调节自己的行为，甚至会限制自己的某些发展性成长需求。长此以往，容易形成悦人型的人格倾向，容易盲从、不独立、不自信、轻信别人。

为了让好话真正成为利于宝宝成长的营养剂，妈妈在夸奖宝宝的时候，要三思而后行。

□ 家长要说对好话

既然宝宝需要好话，那么妈妈就学着说对好话，让宝宝快乐成长吧。妈妈所说的好话，要根据这个年龄段宝宝的特点，最好能够促进宝宝的生长发育。

1. 要契合宝宝的心理发展

0~3 岁的宝宝，主要任务是发展自我意识、建立安全感，他们希望妈妈不断地向他表达爱意：“宝宝有一双美丽的大眼睛，真漂亮啊！”“宝宝懂得拿好自己的玩具，真懂事。”“宝宝能走那么远的路，真是长大了。”“宝宝能自己穿鞋了，鞋带系得也不错。”“宝宝见人会说‘你好’，分别的时候会说‘再见’，真是个有礼貌的宝宝。”

这些契合孩子心理发展特点的语言，能够增强宝宝的自信，有利于宝宝进行人格塑造与完善。

2. “你真棒”宝宝听腻了

有的妈妈动不动就对宝宝说“你真棒”“你真乖”“你真听话”。这些笼统的表扬话语，宝宝刚开始听的时候会感到兴奋，听多了宝宝就腻了，甚至要反抗你：“就知道说这一句！”

妈妈换个方式，就仿佛白开水里添加了糖块，宝宝听到后心里就会是甜滋滋的。比如，“宝宝真棒！都能钻到桌子底下躲猫猫！不过，要小心，别碰头啊！”妈妈这样说，既没有打击宝宝探索的欲望，保护了宝宝的自主性，也提示了宝宝在探索的时候要小心。

3. 给批评的话语“裹上糖”

这个阶段的宝宝，喜欢做事，以验证自己的能力。但是有了一定的能力后，他们又厌倦了。妈妈当然不能直戳宝宝的痛处，但是又不能不指出宝宝的不足，就得在语言上下功夫了。

有位2岁的男孩，什么都想做。吃饭的时候，他要拿碗，把碗摔碎是常有的事情；做饭的时候，他要择菜，却弄不干净；动不动就拿起笤帚扫地，搞得房间乱七八糟的。如果妈妈直接指出来，宝宝一定不开心，以后也不愿意干了。

于是，妈妈这样教他：“拿碗的时候要小心，一次拿一个！宝宝能把碗拿到餐桌上，又不打破，就是长大了。”“择菜择不干净，把烂叶子吃进身体了，对身体不好！宝宝可以一次帮妈妈择一小把，妈妈就开心了。”

妈妈这样既表扬了宝宝做事的动机和过程，也指出了什么样的结果才是好的；既保护了宝宝做事的积极性，也指导了宝宝应该以什么样的态度、标准去做事，能够较好地实现教育宝宝的目标。

宝宝胆小

有的孩子特别胆小，见了生人害怕，见了小动物躲闪，到了晚上就要黏住妈妈一刻都不能分离；有时带了玩具出去，不容易走进小朋友中间，有顽皮的小朋友恶作剧把玩具抢走，也不敢要回来。妈妈心里着急：这么胆小怕事怎么行?

宝宝怕什么

父母要分析孩子胆小的原因。心理学家研究表明，婴儿生来惧怕两样东西：一是怪而大的声音，比如陌生的动物或者刺耳的警报声；二是身体失去支持和跌倒。其他的惧怕心理都是后来养成的，主要包括不熟悉的事物、曾经造成伤害留有恐怖记忆的事物、没见过的东西、没听过的声音，这些都会让他感觉非常害怕。

据美国心理学家的多年研究，孩子胆小的问题与父母的教育有很大的关系，往往是父母对待孩子的许多做法不够正确，在方式方法上过于简单，处理过急，才造成了孩子的心理紧张。

鉴于此，在养育宝宝的过程中，妈妈要小心自己的宝宝被“吓住”。当有剧烈的响声的时候，妈妈可以捂住宝宝的耳朵，等响声过去了再对宝宝说：“响声很大，但是没有伤害！捂住耳朵就好了！”当有恐怖的事件发生的时候，妈妈最好捂住宝宝的眼睛，对宝宝说：“有点儿害怕，宝宝不要看了！”

有的宝宝看到不熟悉的物品会害怕，妈妈除了给他解释这个东西不会伤害到宝宝外，最好带宝宝远离这个东西。等宝宝一天天长大，随着他对环境逐渐熟悉，对这件物品逐渐习惯，改变了对这个物品的恐怖认识，自然就好了。

很多家庭习惯挂几个气球来刺激宝宝的感官，但是气球爆炸的时候，可能会吓到宝宝。这个时候，妈妈可以捡起炸开的碎片，对宝宝说："气球爆炸，不会伤害到宝宝，只是有点响声，宝宝不要害怕啊！"如果宝宝当时特别害怕，妈妈最好暂时不要让宝宝接触气球，免得宝宝再一次被吓着。

为了尽可能地让宝宝不被吓着，爸爸妈妈要细心观察，找到刺激宝宝的"元凶"。一般来说，引起宝宝恐惧的大都是眼睛看到的，所以妈妈从视觉角度预防宝宝不被吓着是最实用的方法。

如果妈妈有办法让宝宝喜欢上某件东西，那么宝宝就不会有被什么吓着的恐惧了。比如，宝宝害怕毛毛虫，妈妈可以给他讲一些关于毛毛虫的故事，然后把宝宝带到室外，让宝宝见识一下真的毛毛虫，妈妈亲手做试验，等宝宝明白了毛毛虫不咬人、不往人身上爬，也就不害怕了。

有的时候，宝宝对某件物品的恐惧来自妈妈的影响，如果妈妈真的有恐惧的东西，尽量不要在宝宝面前表现出恐惧的神情。另外，一切恐怖事件或父母遇事大惊小怪都会影响宝宝，使他们产生惧怕心理。所以，妈妈不要在宝宝面前讲述恐怖的事件。比如，哪个孩子被狗咬了，弄得浑身是血；哪个孩子剪头发的时候把头皮剪破了，流了很多血；哪个孩子走路磕到石头上了，腿磕破了；等等。

如果宝宝对某件事、某件物品有恐惧心理，最好经常带孩子与他所害怕的东西接触，便于孩子了解、熟悉和习惯害怕的对象。

◘ 锻炼宝宝的胆量

即使是天性胆小的宝宝，也能变得勇敢、胆大。当然，这需要妈妈从小就开始锻炼宝宝的胆量。

1. 支持一下宝宝

当宝宝害怕的时候，妈妈不妨通过一些小动作来和宝宝共情，这样，宝宝就会觉得，有妈妈在身边陪伴，没有那么可怕。

比如，天黑了，宝宝会怕黑。妈妈要明白，这个时候宝宝神经发育不完善，黑夜又会使视线更加模糊，宝宝会以丰富的想象力来补偿视觉的缺失，想象出各种妖魔鬼怪吓唬自己。睡觉的时候，妈妈搂抱着宝宝，或者握着宝宝的手睡，宝宝就不怕了。

如果宝宝已经分房间睡了，妈妈可以开着房间的门，或者亮着妈妈房间的灯，等宝宝睡熟了，妈妈再睡。

遇到比较害怕的事情，妈妈可以通过抚摸宝宝后背、和宝宝贴贴脸、握住宝宝肩膀等方式抚慰一下宝宝。

2. 放手磨炼孩子

越是被妈妈娇惯的宝宝，越经不起摔打，胆子越小。其实，宝宝生来就有一种判断是否危险、自己能否承担的能力，他们能够自己保护自己。妈妈不妨放手让孩子去玩、去做，这个过程不但锻炼了宝宝的独立精神和应变能力，也增强了宝宝探索的欲望。

俗话说，见怪不怪。宝宝眼里的世界广阔了，见到的事情多了，理解能力、认识能力都有了很大的提高后，宝宝就不惧怕陌生环境了。当遇到新鲜事物的时候，他产生的是要搞明白的心理而不是恐惧、害怕的心理。

3. 不要批评孩子是“胆小鬼”

有的妈妈望子成龙而又恨铁不成钢，宝宝一有消极的表现，他们就批评孩子“胆小鬼”“懦弱”“不争气”。妈妈一定要知道，这个时候的宝宝对自己的认识和定位，全在于妈妈的评价，妈妈说他是“胆小鬼”，他就真的把自己当成胆小鬼了，日后的言行举止，就会向着胆小鬼的方向发展，可能一辈子也无法揭掉这个负面的标签。

不管宝宝害怕什么，妈妈都可以大胆地和他谈论，鼓励他说出来。宝宝讲述的过程也是恐惧释放的过程，能够减轻宝宝焦虑的情绪。宝宝感受到这一点后，就会明白自己所害怕的东西其实没有那么可怕。

宝宝嫉妒心强

妈妈的同事来家里做客，带来了一位与童童年龄相仿的小姑娘。小姑娘皮肤白白的，非常可爱，家里人围着小姑娘直夸奖。童童不开心了，指着小姑娘的眼睛说："你们看看她的眼睛！"全家人顿时呆住了！那个小女孩有点斜眼，大人当然是尽量回避这个问题，没想到触动了童童的嫉妒心，被她说出来了。

看到童童那副酸溜溜的模样，妈妈真是又好气又好笑。宝宝的心理活动是写在脸上的，还会鲜明地表现在动作上，出现在话语中。

宝宝的"嫉妒心"

法国文学家巴尔扎克说过："嫉妒者比任何不幸的人更为痛苦，因为别人的幸福和他自己的不幸，都将使他痛苦万分。"

嫉妒是一种可怕的心理，在成人世界，嫉妒心会带来很大的危害。比如，扭曲自己的人格，影响社会交往，作出极端行为，等等。所以，当宝宝有了嫉妒行为后，很多妈妈会非常着急，觉得不可思议，这么小心态就这么坏，长大了怎么好呢？

其实，妈妈不用着急，在孩子的世界，嫉妒是一种很正常的心理活动，不会给孩子带来太多坏的影响，更不能说明宝宝天性品质坏。但是，妈妈也要给予正确的引导，对处于人格建构中的宝宝来讲，嫉妒习惯了，就会被吸纳为重要的人格成分，对心理发展相当不利。

如果嫉妒心过强，会影响宝宝的人际交往。宝宝嫉妒别人了，觉得别人夺走了自己应该获得的夸奖、荣誉、爱，对别人就不再友善、热情，甚至态度恶劣，这样，势必会失去别人的友谊。宝宝嫉妒的对象越多，关系不好的对象也越多。逐渐地，宝宝便陷自己于孤立的境遇，失去了交往人群，宝宝的性格形成、人格发展都会受到影响。

所以，妈妈想办法帮助宝宝减少、改变嫉妒心理，对宝宝的成长来说，绝对是一件很重要的事情。

◘ 减少、 改变嫉妒心理

妈妈可以从以下几方面着手，帮助宝宝疏导嫉妒心，培养宝宝接纳的性格。

1. 给宝宝足够的安全感

如果宝宝的心中树立了“在这个世界上妈妈最爱我”“无论什么时候怎么样妈妈都爱我”的自信，那么，宝宝既能与妈妈关系亲密，也能面对和妈妈的分离，更能坦然接受妈妈对自己的评价和对别的宝宝的评价。

听不得妈妈夸奖别的宝宝，是因为自身安全感不足，想以自己的反抗或者表现来证明自己是足够值得关注的，要赢得妈妈对自己的关注。

所以，为了防止宝宝嫉妒，妈妈平时要多关爱宝宝，满足宝宝的情感依恋，不要当着自己宝宝的面夸奖别的宝宝，即使夸奖，也要先夸夸自己的宝宝。妈妈要经常向宝宝表达爱：“爸爸妈妈爱你，你是我们的孩子，我们最爱你。”“做错事，改正了就是好宝宝，妈妈很爱你。”

当妈妈的爱与宝宝相连接的时候，宝宝的自我价值感就会以自我实现为导向，而不是以讨好妈妈、讨好别人、向别人证明自己为导向了。宝宝有了这样的心理品质，就不会在妈妈夸奖别人的时候做一些“是不是我不好”“是不是我不够优秀”的猜想，从而产生嫉妒心理。

2. 发展内省智能

随着自我意识的发展，宝宝开始学着比高比低、比好比坏，通过比较他可以建立起参照体系，在这一体系中确定自己的位置。这种比较是宝宝认识自我的途径，宝宝了解自己所处的位置，会成为他行动的促进力，但也不可避免地会滋生嫉妒心理。

当宝宝有嫉妒心理的时候，妈妈要先接纳这种心理，宝宝才能接纳这种情绪，然后才能反思自己这种做法不妥当，才能建立正确的做事方法。妈妈帮助宝宝提高了自我认知水平，发展了内省智能，宝宝就不容易产生非理智的嫉妒情绪了。

内省智能是指有自知之明并据此作出适当行为的能力。这项智能包括对自己有相当的了解，意识到自己的内在情绪、意向、动机、脾气和欲求以及自律、自知和自尊的能力。即使还是两三岁的小宝宝，只要内省智能获得了发展，他也能察觉自身的优缺点。

孟子说："权，然后知轻重；度，然后知长短。物皆然，心为甚。"如果宝宝有了自省能力，就能够正确认识自己，恰如其分地评判自己的对错，不断寻找自身的差距，使得努力方向明确化。一个人只有不断自省才能知道自己的不足和优势，才能从自身出发不断提升自己。

妈妈要告诉宝宝，每个人都有长处和不足，见到别人的长处没有必要嫉妒。随着宝宝认知能力的发展，宝宝排解嫉妒心理的能力也会增强。他会知道每个人的能力都是有限的，他不可能什么都比别人强，也就能坦然面对他人的优点了。

3. 多参加竞赛

竞赛，是实力的较量。宝宝可以玩的竞技游戏有很多，比如牌类、棋类、运动项目类、算术类等。宝宝在竞赛的过程中，能够体会到成功与失败交织的矛盾感受，经历舒服与不舒服的矛盾冲突后，宝宝就能以"胜败乃兵家常事""有输有赢"等思路来调解心理了。

宝宝的心理调节能力有限，很需要妈妈的引导。当宝宝失败的时候，妈妈可以开导宝宝："输了，只说明你这个较差，你还有很多强项啊！"以强项鼓励宝宝，宝宝不容易滋生自卑心理，就不会嫉妒。当宝宝赢了的时候，有可能看不起输了的小伙伴，妈妈可以这样提示宝宝："宝宝赢了，只说明宝宝努力学习了！这个比较成功！"这样，会使得宝宝既有自信，又不会盲目自信，觉得自己就是个天才，什么都行。当别人比他行的时候，他就不会虚荣心受挫，就不会滋生嫉妒心理。

宝宝性格内向

性格内向的宝宝，比较“蔫”，见了人会躲起来，如果别人逗一逗，还容易哭。内向宝宝常常一个人看蚂蚁、做手工。内向宝宝朋友比较少，和朋友一起玩的时候，如果有陌生的小朋友加入进来，他会显得拘谨。

很多妈妈觉得性格内向的宝宝不会有出息，是这样的吗?

内向性格是这样的

人的性格有内向、外向之分，是天性使然。两种性格虽然各有优劣，但并没有好坏之分。所以，妈妈觉得性格内向的宝宝没有出息，这样的看法是不科学的。

心理学家艾森克把人格特质分成内外倾、神经质和精神质这三个维度。在内外倾这个维度上，内倾和外倾是两个极端，具有典型外倾人格的人好交际、喜欢聚会，有许多朋友，需要与人交谈，不喜欢独自看书和学习；具有典型内倾人格的人则是安静的，不与人交往，只有少数几个知音。内倾者具有比外倾者更高的皮层唤醒水平，外倾者需要高强度刺激，以提高自己的唤醒水平，内倾者则需要寻求独处或者没有刺激的环境，以防止进一步提高唤醒水平，造成心神不定。其实，大多数人都位于两极之间，只不过每个人在某一特质上可能多些或可能少些。

1. 内向者容易疲劳

内向者容易疲劳，如果休息好了，感觉精力充沛，和人交往或者谈话的时候态度很好，能够情绪饱满地完成一次交谈。期间，能够清楚地表达自己的想法，在别人眼里是个健谈的人。如果休息不好，就不能很好地张开自己的怀抱，拥抱不同的声音，显得有些急躁，有时甚至会发脾气，而导致发脾气的因素却是在别人看来很微不足道的事情。

内向者在不同时候的不同表现，让外向者糊涂，内向者自己也可能会不理解。于是，外向者给内向者贴了一个标签“怪脾气”！

2. 内向者不愿意多说话

人与人的交往需要沟通，在沟通过程中，外向者好像总有说不完的话，他们夸夸其谈，天南地北地聊，看起来很有气势！内向者则不一样了，他们只愿意用最少的词语表达出内心想法，话说多了，他们会觉得自己很啰唆，浪费了别人的时间！等听了外向者的说法后，他们甚至会反思自己是不是说错了什么，是不是哪个词用得不够恰当，自己是不是不该讲话！

聚会或者集体讨论中，内向者需要一定时间来形成和整理一些观点，不会主动发表自己的观点，需要别人点名才会讲出自己的看法。在外向者眼里，内向者不够爽快，想保留一些想法，不能带给他们畅快淋漓的感觉。外向者可能在当场表现出不耐烦，也可能在下次聚会的时候不再向内向者发出邀请函。

3. 内向者较少主动展示自己

在外向者的世界里，内向者被认为是沉默的、神秘的，甚至是冷漠的，很多时候他们专注于自己的事情，较少展示自己的行为。

4. 内向者害怕伤到别人

内向者为人小心、谨慎，善于观察，跟人交往过程中，他们常常会自我反省是不是伤到了他人。比如，当内向者打断了别人的谈话、发表了不同于他人的意见、看到他人情绪剧烈的变化等时，内向者会从交往中退缩回来。

◘ 给内向宝宝特别的爱

英国思想家欧文说：“教育人就是要形成人的性格。”即便性格内向的宝宝将来也一样能够成才，妈妈也有必要为内向宝宝提供一个乐观、开朗、友好、欢愉、积极的成长环境。在宝宝内向的精神特质中注入外向的成分，毕竟乐观的性格更能让宝宝快乐、轻松一些。

1. 尊重内向特点

性格内向只是人的一种个性特征，主要表现在人际交往和社会活动中不是那么积极主动、轻松自如，与害羞或孤僻的人格特征不同，与疾病、善恶无关，更不是人格不健全的表现。

较之性格外向的宝宝，内向宝宝具有很多成功者必备的特质。比如，沉稳踏实、喜欢思考、善于钻研、耐心谨慎、自制力强等，这些鲜明的内向性格特征在宝宝小的时候也许不明显，或者只表现于沉默、好钻研等不明显的特征，但是等到宝宝长大后就会逐渐明显起来。

美国的一项专业调查显示，虽然内向者仅占总人口的 30%，但内向者在政府、学界、军界以及商界高层中占的比重却要稍高于外向者。

所以，妈妈不要因为宝宝不愿意跟人说话、不善于在人前表演就觉得内向孩子没出息。要知道，妈妈对宝宝不信任、不支持、不看好的心理，会传递给宝宝，影响宝宝自信心的建立，甚至导致宝宝自卑。

在世界文明发展史上，很多性格内向的人都作出了突出的贡献。著名的科学家爱因斯坦从小性格内向，一个罗盘可以玩半天。幼年时，举止缓慢，不爱同人交往，但是，成年后却成了震惊世界的科学家。

这是因为性格内向的宝宝思维不是那么活跃，在一件事情上的注意力更容易长久，所以思考的深度更强，更能有不同于常人的发现。

2. 让友谊滋润宝宝

如果你的宝宝特别内向，那么把内向宝宝带到性格较内向宝宝的群体中效果会更好。由于性格上的相似，很容易玩到一起，有助于建立友谊。友谊的力量就会促使宝宝变得开朗、宽容、有爱心，逐渐地就能够和外向宝宝玩到一起。改变宝宝的性格，家长不要着急，一下子把内向宝宝引到外向宝宝的群体中，宝宝容易产生自卑感，会更加不知所措。

改善宝宝行为，需要循序渐进。和其他宝宝交往，不妨先从小范围开始，只和 1 个 ~2 个宝宝一起玩，之后再过渡到大范围交往，甚至和陌生成人交往。

成年人或者大孩子，可能会给胆小的宝宝带来紧张感，而和比自己年龄小的宝宝玩，他可能比较容易得到安全感。所以，父母不妨让胆小的宝宝多和低龄同伴交往，逐渐向大年龄发展。

自己的家，是宝宝最熟悉的，在这个环境中，他最容易获得安全感。邀请其他宝宝来自己家里做客，鼓励宝宝作为小主人招待客人。在熟悉的环境中，胆小的宝宝容易放松，会圆满完成社交任务。

3. 多和宝宝交流感受

内向宝宝更敏感，内心装的东西更多。他即使有沟通的欲望，因为性格原因难以主动开口，所以，妈妈要多和宝宝沟通，了解宝宝的想法。

沟通的方式很多，除了语言交流外，拥抱、抚摸、注视等，都是不错的沟通形式。比如，当宝宝不开心了，妈妈抚摸一下宝宝的头，宝宝不快的情绪很快就会消散。宝宝无时无刻不渴望妈妈的爱，即使什么都不说，妈妈陪伴在宝宝身边，宝宝都会感到温暖、舒适、放松。

越是休闲的时候，宝宝越容易吐露心声。所以，妈妈出去购物、游玩、访友、散步、休闲的时候，不妨带上宝宝，你会发现你的宝宝也有活泼、善谈的一面！

女孩和男孩不同

2岁的云云看到一位小男孩蹲下小便，连忙蹲下来，指着对方的下体说：“快看！小鸡鸡！小鸡鸡！”一边说一边拍手，搞得妈妈非常尴尬，难道这么小的宝宝就产生了“性好奇”？

当宝宝好奇的目光落到异性小朋友的生殖器上的时候，他的性意识在一点点苏醒，而作为宝宝的母亲，你的养育方式就该从宝宝诞生那一刻开始塑造宝宝的性格特征了。

分清男孩、女孩心理的不同

孩子小的时候，家长大都不在意男孩与女孩心理上的不同，觉得小孩子很单纯，在性别上、性格上就没有特别在意。

其实，男孩和女孩生来就是不同的，男孩体内丰富的睾丸素使得男孩好动、精力旺盛、脾气暴躁，喜欢用身体语言解决问题；女孩体内的雌激素则决定了女孩敏感、细腻、倾向于某种关系，善于交流。

家长了解了男孩、女孩的不同后，在教养方式上就会有所侧重。比如，支持男孩不断地运动，根据男孩语言发展稍慢的特点多和孩子说说话；女孩胆小，多多拥抱、亲吻女孩，多听听女孩说话，等等。

为避免孩子性格发展出现偏差，最好从3岁前就培养孩子的性别意识，如告诉宝宝男孩和女孩的差异。如果是男孩，父亲要多陪孩子玩；如果是女孩，母亲要多与其相处。这样，有利于孩子的心理性格和生理性格保持一致，3岁以后轻松地认同自己的性别。

如果我们不重视男孩与女孩的不同，或者根本不在乎他们的不同，用养育女孩的方式养育男孩，那么我们就会失去一代男人，因为男孩变成了“伪娘”；如果用养育男孩的方式养育女孩，那么女孩就成了失去阴柔之美的“假小子”了。

◘ 按性别培养宝宝

妈妈们都深爱宝宝，尽心地给宝宝最好的教养，在性别教育上也很用心。

1. 让宝宝形成正确的“性别角色确认”

从心理学上讲，5 岁以前，宝宝会形成自己的性别意识，所以需要家长帮助孩子建立性别意识。宝宝出生后，妈妈要尽早地给予他性别角色确认。如果是男宝宝，平时沟通的时候，可以多鼓励他：“小男子汉，坚强点。”“哦，穿上运动裤，可真帅。”“大踏步向前走，勇敢点。”如果是女宝宝，可以这样鼓励她：“你想念小姐姐了，是吗?”“我的小公主可真开心。”“小狗狗腿摔坏了，我的宝宝很心疼啊！真是有爱心的小姑娘啊。”宝宝从妈妈的语言里，能够给自己一个准确的性别身份。

平时穿衣服，给男宝宝穿男孩的衣服，给女宝宝穿女孩的衣服。不要为了省钱，穿异性哥哥、姐姐剩下的衣服，那样容易使宝宝产生性别意识错误；女孩的玩具不能以枪械等男孩玩具为主，男孩的玩具不能以布娃娃等女孩玩具为主。

妈妈一定要给女孩起个女孩的名字，给男孩起个男孩的名字。当女孩和小朋友一起玩的时候，妈妈要多给孩子论辈，如“小姐姐”“小妹妹”“小哥哥”“小弟弟”等。

妈妈带宝宝去公厕的时候，可以跟宝宝说：“这是男厕，男孩去的。”“这是女厕，女孩去的。”

妈妈从日常生活中注意把男孩、女孩区分开，不但有利于宝宝性别认同，也能预防“性倒错”等心理疾病。

2. 尊重宝宝的个性特征

男宝宝好动，他以此发泄身体多余的能量，如果我们阻止了他发泄的途径，宝宝就可能以其他破坏性的形式发泄出来，造成一定的祸患。妈妈不但要支持男宝宝运动，还要为他创造运动的机会，多带宝宝走出家门，去广阔的世界跑跑跳跳。即使待在家里，也不因为宝宝拆拆装装而厌烦，支持他手脚不停地运动，这样才能促进宝宝智力、心理的发育。

女宝宝好静，她渴望待在妈妈的身边，非常在意妈妈对她的爱。所以，妈妈要不停地向女宝宝表达爱意，呵护好她那颗容易受伤的心。女宝宝不像男宝宝那么大大咧咧，别人一句随意的话都可能让女宝宝陷入情绪的低谷。所以，妈妈要多多观察女宝宝，倾听女宝宝的心声，细心帮助女宝宝排解心中的烦恼。

宝宝不给别人玩玩具

郗郗的妈妈最近发愁了，儿子就要上幼儿园了，可是儿子平时很“自私”，自己的玩具、小食品从不让别的小朋友碰，她担心在幼儿园儿子不能很好地跟小朋友相处。她怎么也想不明白，自己这么个大方人，怎么养育出了这么一个自私的儿子呢？

相信有着这样苦恼的妈妈不在少数，为了孩子的“自私”发愁。

宝宝的自我敏感期

自我敏感期是一个划界的阶段，即宝宝成功地把自己和外界区分开。在这样划分界限的过程中，孩子为自我储备心理力量和智能，从而把自己建构得非常强大。

到了2岁的时候孩子已经有了自我意识，他能够明确地感受到，我和你们是不一样的。我的东西是属于我的，你们不能动。到了3岁左右，孩子能说“我的”了，自我意识进一步发展。他的“自我中心”仍然很强烈。例如，在自己要求不能得到满足的情况下，哭着喊着要家长答应；有哪里不合自己的心意，就会发脾气，完全不顾别人的感受。

举个简单的例子。妈妈端来一个食品盒子，里面放满了妈妈喜欢吃的食品和宝宝平时喜欢吃的食品，当妈妈鼓励宝宝去为妈妈选择食品的时候，宝宝只选择他爱吃的磨牙棒、酸奶什么的，而不会选择妈妈经常吃的话梅。宝宝之所以这样做，是因为他正处于以自我为中心的阶段。

1~2 岁的宝宝只想到自己，想不到别人的需求，所以会完全按照自己的意愿支配周围的人和事。他强烈地保护自己的东西，是因为他觉得那是“我的东西”，见了别人的东西也想要，是因为他还不太清楚“你的”是什么意思。家长最好的做法就是顺其自然。

即便他的行为让妈妈很没面子，妈妈也要理解宝宝的心情，不要强行把宝宝的玩具给别的小朋友，惹得宝宝不开心。小宝宝都很自我，不懂得自己的玩具给别的小朋友玩还能被还回来，他觉得自己的玩具给别的宝宝玩了，自己就没有了，这样他才紧张的。

3 岁左右，幼儿的自我意识才发展到顶峰，他不能从别人的角度看待问题、解决问题，很霸道，更不懂得体谅别人的感受。

宝宝是经历了一个又一个阶段成长起来的，不经历充分体验“自我”的阶段，就到达不了接纳他人的阶段，更无法形成专注力和意志力；妈妈所期望的创造力、幸福感、独立性、意志也无法出现在宝宝的身上；长大以后，也无法对现实生活进行准确地把握，常常感到孤独、失助、消沉、绝望。

每位妈妈都希望自己的宝宝将来能成为一个独立的人，那么暂时地接纳宝宝的“自私”，宝宝才能充分地发展自我。妈妈要相信宝宝，随着他心智的不断成长、与外界交流的增强，在妈妈的教导下，宝宝不会是个“自私”的人。

◘ 保护“私心”，发展分享意识

2 岁左右的宝宝，玩得更多的是平行游戏，他喜欢自己玩自己的，像平行线一样没有交点。孩子在进入 3 岁后才逐渐学会简单的合作游戏，但这个时候，宝宝的自我意识达到了高峰，会因为被要求分享游戏材料而与别的宝宝发生冲突。这个时候，妈妈不用参与到中间去，也不要命令宝宝一定要怎么样，有了交往欲望的宝宝会逐渐懂得“忍痛割爱”。即使宝宝很难与同伴合作，妈妈也要等到宝宝品尝到这样做的后果后，回家侧面引导宝宝“把玩具分给小朋友一部分，大家才能开开心心地玩”，让孩子逐渐知道游戏是“在规定的限制范围内的自由活动”。

这个阶段妈妈最容易犯的 3 个错误：

1. 强迫宝宝分享

当妈妈强行拿走宝宝手中的玩具给其他宝宝玩的时候，宝宝会对分享这件事更加反感，甚至会迁怒到“受益宝宝”，伺机报复，反倒不利于宝宝学习交往。

2. 大的应该让着小的

妈妈不要因为自己的宝宝比别的宝宝大几个月、大1岁就对宝宝说：“你是姐姐，让着小弟弟小妹妹!”或“你是哥哥，让着小弟弟小妹妹!”这样做，会让宝宝怀疑父母的爱，他的心会因此受到伤害。而年龄小的宝宝在这样的宠爱中也学不会分享的技巧。

2岁前的宝宝能接触到更多的新事物，相互之间会出现模仿性或互补性交往行为，但他们虽然一起玩却互不干扰，熟悉以后会相互观察、模仿。2岁后的宝宝与同伴交往的回合越来越长，但主要是各自对物体的摆弄，他们是对玩具或其他物体感兴趣，而不是对同伴感兴趣。

既然这个阶段还是以物体为中介的同伴交往关系，妈妈就要动动脑筋，怎么做既保护了宝宝的“私心”，又和同伴分享了玩具呢？

（1）带宝宝和同伴玩

妈妈帮助宝宝对同伴产生兴趣，宝宝就会从在意物的自私行为中脱离，学着很在意自己的伙伴了。

妈妈准备一件重物，当然是对宝宝来说比较费劲但又不存在危险的物体。比如，大纸箱、大布娃娃等。然后让宝宝和另外一名小朋友合作把物品抬到目的地，宝宝搬运的时候，要互相配合找到平衡。有时，还要经历几次掉下去的波折，不过，这样更能让孩子领会两个人的力量比一个人的大。

（2）从不心疼的分享开始

妈妈把家里的水壶灌满水，准备几个杯子，让宝宝往杯子里倒水，给小朋友喝，宝宝一定很感兴趣。当别的小朋友喝到宝宝倒的水后，一定很开心。宝宝也会因为给小朋友倒水喝而高兴!

能让宝宝不心疼的玩具有很多，比如皮球、画片等。

3. 不给宝宝贴负性标签

既然“自私”是这个年龄段的宝宝特有的心理、行为特点，妈妈要尊重宝宝，不要强行把宝宝的物品分给其他小朋友。我们常见到有的妈妈为了给别的父母面子，就用“抠门”“自私”“小气”等字眼来教训宝宝。这种做法不但对改变宝宝的自私行为没有一点儿帮助，反而不利于宝宝形成正面的自我定位。

第六章

处理好"糟糕" 行为

宝宝不走路，总让抱着

好多年轻妈妈都有这样的感慨：宝宝不会走时拼命要走，妈妈带他出去，着急赶路，想抱着都不成；等他能走了，就变得非常懒惰，一出门不是要爸爸背就是要妈妈抱，如果不背不抱，就不走，真是气人啊！难道宝宝是越大越懒惰吗？

配合宝宝，走或者不走

宝宝会走、会跑后不愿走路，不是什么病态，是一种很正常的行为。大约7个月的时候，宝宝到了走路敏感期，他虽然不能走，但是不想坐着，总想拉着妈妈的手站起来或者蹦起来，在相当长的时期内，妈妈想抱着宝宝都不让，因为他沉浸在走的愉快情绪中。

当宝宝走的能力发展起来时，大约2岁，很多宝宝就要重新回到妈妈的怀抱了，他们不停地对着妈妈说："抱抱!"这个时期也是宝宝安全感建立的关键时期，妈妈绝不可以因为要让宝宝多走路，就拒绝抱宝宝，因为满足宝宝的情感需要和鼓励孩子行走同样重要。

既然宝宝让抱，就抱一会儿，但是如果宝宝一出门，就让妈妈抱，妈妈就要适度地拒绝一下宝宝了。

宝宝到了1岁，基本就开始走路了。伴随着独立行走，宝宝的独立意识也在发展。宝宝多走路，可以增强宝宝的身体素质，锻炼腿部肌肉，磨炼宝宝的意志力，让他学会面对困难不轻易言败，增强宝宝的抗挫折能力，促进宝宝脑细胞的生长和发育。

宝宝不愿意行走，有多种原因。

1. 小腿还不够强壮

1 岁多的宝宝身体尚未发育成熟，腿部力量弱，容易觉得腿酸、走不动。所以，如果外出需要走相对长的路，如去公园游玩时，妈妈不妨带上小推车，当宝宝提出累了，不想走路的要求时，让他坐在小推车里适当地休息一下。这样，既不会打击宝宝走路的积极性，妈妈也不会太累。

妈妈千万不要在宝宝学走路的初期，就让宝宝走一会儿、抱一会儿，养成了习惯，宝宝即使能走较远的路时，也不愿意坚持走，而让妈妈抱着。

2. 害怕摔跤

如果宝宝在走路时有过比较严重的摔跤经历，胆子小一些的宝宝会害怕自己走路。这在刚学会走路、还不够自信的宝宝中比较常见。此时，爸爸妈妈不要强迫他，可以在注意安全保护的同时，采用游戏的方式来引导宝宝重新迈步。比如，拿着宝宝最喜欢的玩具，在远处“引诱”他，让他因为感兴趣的东西而暂时忘了恐惧。

3. 想和妈妈多亲热

有些妈妈工作很忙，很少有时间陪伴宝宝，当宝宝有机会和妈妈在一起时，就会希望多和妈妈亲热一会儿，于是，“聪明”的宝宝便放弃了走路，来赢得更多的妈妈抱的机会。

如果是这种情况，妈妈不妨在平时多抽出一些时间陪伴宝宝，和宝宝在一起时，尽量多一些肢体的亲密接触，比如和宝宝依偎在一起读图画书，手拉手去探险，等等。只有和妈妈建立起安全型的依恋关系，宝宝才会更自信、更积极地探索外部世界。

4. 走路失去了最初的魅力

要让宝宝喜欢走路，先要为宝宝准备一双舒服好看的鞋子，许多宝宝会因为要炫耀鞋子上的漂亮图案而多走路；还可以和宝宝做一些走路的游戏，比如走“独木桥”“踩影子”等；也可定一个比宝宝平时走的距离稍远的终点，比赛谁先走到；等等。

5. 不想只看到成人的大腿

这是一位妈妈的亲身经历，一次，当她的宝宝在商场里哭闹着不肯再走的时候，她蹲下身才发现，宝宝的眼里没有琳琅满目的商品，只有像树林一样数不清的成人的大腿。于是，她立刻把宝宝抱了起来，走出了商场。

◘ 想办法让宝宝爱走路

到了该走路的时候，如果没有经过足够的步行练习，不但影响宝宝的腿部肌肉发育，同时也会影响宝宝意志、品质、心理方面的成长。为了让宝宝健康成长，妈妈可以通过以下方法，鼓励宝宝多走路。

1. 和宝宝比赛

小宝宝都喜欢比赛，因为比赛有趣。当宝宝要赖的时候，妈妈不妨对宝宝说："我家宝宝是走路冠军，来，和妈妈比赛，看谁得第一!"当然，比赛的时候，妈妈不可以走得很快，以免打击宝宝的自信心，要稍微比宝宝慢一点儿，宝宝才有兴致比。

2. 订立目标

如果走了一段路，宝宝不想走了，妈妈可以跟宝宝说："走到那棵大树下，咱们就休息一会儿，然后妈妈给你讲故事!"一段路分成几部分来走，每一部分的路程都比较短，宝宝就不觉得累了。

3. 有言在先

当宝宝提出去哪里玩的时候，妈妈可以先跟宝宝说清楚："如果自己走路，就去！让妈妈抱着，就不去!"有言在先，宝宝就没法要赖了。

4. 用小动物来启发孩子

这个年龄段的宝宝，会觉得周围一切的事物都和自己一样，是有生命的。当宝宝不想走路的时候，妈妈可以说："你看，小树、花儿，都在看着你呢！你不好好走路，它们就笑话你了！说你不是勇敢的男子汉啊。""连小乌龟都能拿比赛冠军，我家宝宝也一定能的。"适当的鼓励可以激发孩子的好胜心。

5. 和孩子讲条件

一般情况下，宝宝回到家里都有喝奶、看电视、吃点心等的欲望，妈妈可以对他说："如果你不自己走回家，到家了我就不让你吃好吃的蛋糕!"受此诱惑，宝宝一般都能乖乖自己走回家。

宝宝好攀比

妈妈跟人聊天，无意中提到了同事家的宝宝特别聪明，在一边玩耍的青青听到了，当即大哭。妈妈赶紧过来哄："我们青青也很聪明啊！"青青情绪平复后说："我会背唐诗！我会跳舞！我爸爸有小轿车！我还会算算术呢！他不会，是不？……"

看着女儿把家底一件一件地抖搂出来，一副势必要把对方比下去的样子，妈妈有点儿哭笑不得。孩子怎么这样啊？处处都要比别人强，根本听不进别人的好啊！

攀比心是天生的

任何一个人都有攀比心，宝宝也不例外。攀比心理是一种不满足于现状、不甘落后于他人甚至想超越他人的心理意识，适当的攀比能够促进宝宝的进步，但是攀比过了头，处处想着这个比别人强、那个比别人高，不接受现实，心理长期处于失衡状态，就会损害宝宝的心理健康。

为什么这么说呢？0~3 岁的宝宝判断、分析、自我调节能力等都不是很成熟，当宝宝为了某件衣服、某个玩具、某项特长而眼红别人的时候，势必带来内心的焦虑，还可能会演变为模仿和追随，甚至盲从，不利于宝宝个性的发展。

宝宝攀比心的强弱，有其自身的原因。宝宝生来就有表现的欲望，他以此验证父母是否重视自己，是否爱自己，从而增强生存下去的自信心和勇气。即使是还在襁褓中的宝宝就懂得用哭闹、快乐的表情来吸引家长的关注，如果家长满足了他被关注的需要，他就比较自信。反之，宝宝就会通过其他的行为继续赢得父母的关注，比如穿漂亮衣服、与众不同的做法等一些哗众取宠的行为来突出自己。

宝宝的攀比，有的时候是受父母的影响。妈妈之间经常谈论一些物质的东西，谁家买了房子、高级私家车，谁做了什么发型、买了什么牌子的衣服，等等，耳濡目染宝宝也就学会了攀比这些表面的东西。

妈妈想尽办法给宝宝穿得漂亮，这种不愿落后于别人的心理，被宝宝捕捉到后，成为宝宝与人攀比的强大的心理后盾，平时宝宝想要什么都尽量满足的消费心理又为宝宝提供了良好的经济支撑。

由此看来，宝宝攀比绝不是宝宝个人的错，而是一种教育上的不小心酿造的苦果。妈妈唯有从养育宝宝之初就开始注意自己的行为，弱化环境的影响，尽量防止宝宝消极攀比，攀比心理才会成为宝宝成长路上的一缕阳光，激励着宝宝不断进步。

◘ 父母不要惯着宝宝

我们都希望宝宝能够快乐成长，但快乐有一个很大的前提，那就是知足。好攀比的宝宝不知足，所以不快乐。这一点与家长的教育有关。

有的妈妈看到别家宝宝有什么，就给自己宝宝准备什么，宝宝想要什么，就满足宝宝的愿望。这样做，其实是在以行动鼓励宝宝“别人有的咱就要有，别人买得起咱也买得起”，宝宝当然不客气了，看到别人有什么就要什么，长此以往，宝宝就会变得骄纵无礼、自私浪费、依赖懦弱。

所以，妈妈要理智面对宝宝的攀比行为，让宝宝自主、自立。

1. 直面宝宝的攀比行为

当宝宝看到别的小朋友有漂亮的花裙子的时候，也会吵着让妈妈去买。这个时候，妈妈要明白，宝宝并不一定是真的喜欢那个小朋友的裙子，很可能是听到别人恭维那个小朋友了，所以也想被人夸奖。

这时，妈妈可以拿出宝宝的裙子，对宝宝说：“这件上次某某阿姨夸奖好看，这件某某奶奶夸奖好看，我家宝宝有好几件漂亮的裙子！每个小朋友都有漂亮的裙子，因为每个小朋友的妈妈都要给她买最漂亮的裙子！来，宝宝也穿上最漂亮的裙子！”

宝宝攀比心上来的时候，想的就是别人有我一定要有，受此情绪控制，宝宝会缺乏理智，此时妈妈不要跟宝宝解释、讲道理，因为宝宝听不进去。妈妈最好以实际行动改变宝宝的想法。比如，用宝宝的好几件去比别人的一件，用宝宝的长处去比，用宝宝有的东西比别人没有的东西，等等。

妈妈不躲闪、以硬碰硬的做法，能够帮助宝宝看清事实、看清自己，察觉自己的行动很鲁莽，也就放弃了。

2. 改变攀比的兴奋点

宝宝有攀比的心理，说明宝宝的内心有竞争的倾向或意识，想达到与别人同样的水平或超越别人。父母就要抓住宝宝这种上进心理，引导宝宝纠正不良行为，建立良好习惯。

雪过天晴，宝宝看到别的宝宝踩雪，自己也想踩，妈妈可以鼓励宝宝："咱们回家换一双旅游鞋，然后再来踩！但要注意不要溅别人一身泥啊！"当宝宝看到别的宝宝吃冰棍，也要吃，但是宝宝正在拉肚子，妈妈可以对宝宝说："你正在拉肚子，吃过冰棍就要住进医院打点滴了。喝点凉白开更舒服啊！"

妈妈以不同于宝宝要求的方式许诺宝宝，既满足了宝宝的攀比心，也让宝宝明白了不一定要处处跟别人一样，要选择适合自己的恰当方式。

3. 妈妈不比较

宝宝无时无刻不在学习妈妈的言谈举止，揣摩妈妈的意图。平时，妈妈不要拿宝宝的某方面跟别的宝宝比，也不要拿自己跟别人比。妈妈不比较，宝宝也就不会去攀比了。

宝宝不礼貌

妈妈带琪琪去小区里玩耍，一个孩子跑过来跟琪琪玩，琪琪没动，那个孩子就拉了琪琪一把，也许是用力过大了吧，把琪琪拉倒了。琪琪站起来，对着那个孩子张嘴就骂："你个王八蛋！干吗呢！"

家里来了客人，妈妈让琪琪去给客人拿糖，琪琪一下子把糖盘子捂住了，说是要留着自己吃，客人吃了自己就没有了。妈妈怎么央求都不成，搞得妈妈很没面子。

妈妈很奇怪，这个孩子怎么这么没礼貌，张口就说脏话，还不懂待客之道，是不是自己没有教育好呢？

与环境有关

宝宝不懂礼貌、说脏话与环境有关。脏话在宝宝意识里，并不是脏话，甚至觉得好听。即便他知道不好听，也没有意识到说脏话是不文明、不礼貌的。

当宝宝说脏话的时候，妈妈应该怎么做呢？打？骂？纠正？

2~4 岁这个年龄段正是宝宝口头语言发展的敏感期，大人说什么孩子很容易就学会。所以，孩子说脏话大多数情况还是"鹦鹉学舌"。

脏话说出口的时候，大多声音铿锵有力，很多人还会有一种解恨的表情，这在宝宝眼里就是很滑稽、很有趣、很豪壮的表演，正处于模仿敏感期的他，一定会模仿一下。加之他的模仿力很强，自然是很快就学会了。

所以，要想宝宝不说脏话，妈妈一定要带头不说脏话、不说粗话、不说没有礼貌的话，家里人也不要当着孩子的面说这些不文明的话。即便是跟朋友聊天、在社会上被不靠谱的人伤害，也不要当着孩子的面动粗，要以文明的方式冷静处理纠纷。总之，在生活中要多说一些礼貌话、文明话、客气话。

即使妈妈以身作则了，宝宝也可能从电视剧中、社会上听到并学到一些粗话、脏话，这个时候，妈妈不要打骂宝宝，而是耐心问宝宝这些话是听谁说的，然后告诉宝宝，这些话以后不可以说。

有的宝宝虽然不说脏话，但是却常做出粗鲁的动作。比如，妈妈带宝宝出去玩，碰到熟人跟宝宝逗着玩，宝宝不耐烦了，抬腿就给人一脚。这个时候，妈妈可能因为宝宝的无礼而恼怒，为了找回面子，会打宝宝几下。这下局面更尴尬了，妈妈大叫，宝宝大哭！

这样教育宝宝的方式收不到半点改变孩子的效果，因为妈妈的做法也是“失礼”的。如果妈妈尊重宝宝，不当着外人批评呵斥宝宝，而是先向别人道歉，然后把宝宝拉到旁边，耐心地告诉宝宝该怎么做，宝宝就会接纳妈妈的批评，改掉不好的做法。

至于其他的礼节，像待客之道、出门跟人打招呼、不打扰别人等，都需要妈妈从小教导宝宝，宝宝才能懂得。

◻ 教宝宝懂礼貌

没有生来就懂礼貌的宝宝，文明宝宝都是教育出来的。妈妈怎么做，才能教育出一个懂礼貌、不粗鲁的文明宝宝呢？

1. 不会说话时，鼓励宝宝笑一笑

礼貌教育越早越好，微笑就是其中之一。所以，在宝宝还不能用一句完整的话表达自己的意思时，爸爸妈妈最好经常逗宝宝“笑一笑”，鼓励他多在家人面前、在熟人面前笑。当宝宝笑了的时候，妈妈可夸奖一下：“我家宝宝很友好啊！对着阿姨笑了。”“我家宝宝笑起来很可爱，谁都会喜欢。”这样宝宝逐渐就明白了微笑是向人表示友好的一种方式。

2. 刚开始说话，告诉宝宝要说文明话

宝宝开口学说话，是学习文明礼貌的大好时机。妈妈最好利用生活情境教育宝宝。比如，当别人送给宝宝礼物、小食品等时，妈妈最好当时就教宝宝说“谢谢”！即使宝宝不会说话，妈妈也要一边说一边教宝宝谢谢的动作。

当宝宝有求于人时，妈妈要告诉宝宝：“请别人帮忙，要说‘请’！”宝宝做错事情、惹了麻烦或影响了别人时，妈妈就教宝宝说：“对不起，打扰您了。”送客人离开的时候，要教宝宝说：“再见，欢迎下次再来！”……宝宝在学说话的第一时间内，接受的是礼貌的语言，记忆会非常深刻，说过几遍后，就养成了习惯。

3. 让宝宝“爱”上打招呼

当宝宝能够流利地说话的时候，妈妈就要教宝宝根据情境说礼貌用语了。带宝宝外出，见到认识的人，就说“叔叔好”或“阿姨好”。刚开始，妈妈最好肯定一下宝宝“真有礼貌，很乖啊”，然后继续督促宝宝这样做，这个积极的回应是对宝宝最好的鼓励。有被夸奖这个美好的感觉激励着，久而久之，宝宝见了熟人就会自觉地打招呼了。如果宝宝对陌生人也主动问好，父母一定要夸他做得好，是个受人欢迎的宝宝。

两三岁的宝宝正值语言发展敏感期，很爱唠叨，如果妈妈跟宝宝说话很少，或者宝宝说话的机会很少，那么当大人讲话的时候，宝宝就可能会插嘴。插嘴是一种很不礼貌的行为，为了避免宝宝乱插嘴，妈妈除了平时多跟宝宝亲热交流，还要告诉宝宝在别人说话的时候要注意倾听，不能大声喧哗，也不能中间插嘴；平时和别人说话，要看着对方的眼睛、认真听，不可随意走开；当大人说话的时候，如果确实有事，可教宝宝跟妈妈说：“妈妈我有事，你过来一下！”让宝宝懂得，这样做是对他人的尊重，也是有礼貌的做法。

4. 日常的礼貌行为

随着宝宝懂得越来越多，妈妈要逐步教给宝宝一些日常礼貌。比如爱护弟弟妹妹；热情待客；礼貌做客；彬彬有礼接电话；彬彬有礼打电话；认真倾听，不随便插话；及时回应别人的问话；请求帮助要客气；等等。

妈妈一定要讲得详细一些，让宝宝知道具体怎么做。比如，关于热情待客，妈妈就可以在客人进门的时候，教宝宝舞着小手说“欢迎”、甜甜地问声好；稍大一点的宝宝，妈妈不如放手让他摆糖果、拿饮料。如果有小朋友来，提醒宝宝主动拿出自己的零食、玩具、图画书，和小朋友一起分享，不和小朋友争吵；提醒宝宝也不要借着小客人在，提一些额外的要求或无理取闹。

宝宝打人

在妈妈眼里，冰冰“厉害”，动不动就挠人。妈妈脸上的指甲印已经数不清了。只要妈妈和冰冰在一起，不管是抱着还是一起坐着，只要宝宝的手能够到妈妈的脸，就会被挠，实在不高兴了，还上嘴咬。

昨天，妈妈喂冰冰吃小米粥，一勺一勺地，吃了几口后，冰冰就趴到妈妈身上，要够粥碗。妈妈为了防止他够碗，特意把碗放到了身体的另一侧，还是没逃过宝宝这招。妈妈说：“别弄，来，宝宝好好吃!”宝宝还是伸着胳膊撅着屁股使劲够。妈妈生气了，低头说：“你弄洒了，妈妈打你!”话还没说完，冰冰一把挠到了妈妈脸上，火辣辣地疼。妈妈说：“我真打你啊!”冰冰趴下就在妈妈腿上咬了一口。

不是简单的攻击性行为

打人属于攻击性行为，宝宝一动手，妈妈首先想到的是这个孩子不老实，有攻击他人的倾向，便想方设法地阻止宝宝。有的妈妈为了让宝宝尝尝挨打的滋味，甚至动手打宝宝，可惜，如此用心良苦不一定收到好效果，因为宝宝打人不一定是攻击性行为!

爸爸妈妈一旦认为宝宝打人是有攻击倾向，就会发现宝宝所有的行为都会带有“攻击”的嫌疑。宝宝1岁以后，手部动作的敏感期到了，逐渐地会走了、能跑了，他的各种动作都是有目标的。即便是打人，也含有一定的目的性。

比如，宝宝出门见到别的宝宝，拍打一下，可能是用这个动作向对方表达友好之意和玩耍、亲昵的欲望。1~3岁的宝宝自我意识获得了发展，他能够区分你和我的不同，但是他只能简单地感觉到自己的需求，无法从对方的角度考虑问题。

当宝宝发出“打”这个友好的动作的时候，想不到做出这个动作的后果，不知道也不能做到很好地控制这个动作的力度，但把别人打疼了并非他所愿所想。

宝宝的自我意识在1岁左右发展起来，那个时候基本能够独立行走了，当然，也有一些宝宝还不会走，但是四肢活动能力已经很强。从自我发展程度来看，朦朦胧胧懂得了自己和别人不是一个整体。到了1岁半左右，大部分宝宝都能够辨认镜像中的自己，说明他懂得了自己是与这个世界分离的，自我意识很清晰了。

当宝宝意识到了自我和这个世界的关系后，就会在行为中验证、表现和应用。比如，有的孩子会扔玩具，不停地扔出去；有的孩子用脚踢东西。

1岁左右的宝宝打人，这不是宝宝“厉害”“暴力”，而是他在表达“友好”“欢迎”“亲昵”“排除”“不同意”“你冒犯了我”的意思。孩子认为我喜欢你，欢迎你和我玩，或者我不同意你，你所做的我不高兴，我不愿意，你不能这样，但是他不会用语言表达，于是就用打、挠、咬等很直接的方式来表达。

宝宝这么做，跟道德无关，只是一种表达方式。我喜欢你想拍拍你，你让我不开心了或者阻止了我的活动，我就要“排除你”，我就用手打你或者用嘴巴咬你。在这样的活动中，孩子感受到了“我”和“你”不一样，这是较早发展出来的“自我”意识，是对“自我”的一个比较直观的界定。

有个小男孩，生得虎头虎脑。不管见了年龄大的还是年龄小的孩子，都会伸出手给一巴掌。虽然有碍于大人的面子，对方家长不说什么，但总是不高兴的。

有一天，小男孩一巴掌拍在了一位正在玩耍的小伙伴的脑袋上，对方回手就是一拳，把小男孩打哭了。妈妈把哭着的儿子抱开后，问儿子：“很疼，是不是？”小男孩哭得更带劲了。妈妈接着说：“你打了那位小哥哥，人家也很疼啊！以后，不要动手打人了！”妈妈知道，即使说了不要动手打人，小孩子也不一定会记住。于是，妈妈和爸爸商量，每天爸爸都抽出时间和男孩对打，以此消耗儿子的精力。果然，从那以后小男孩不怎么打人了！

为了不让宝宝的命运从伸手“打”人那一刻开始就滑向糟糕，妈妈要从宝宝心理发展的角度去解读宝宝打人的意图，去查找自己是否有教育不当的地方。

◘ 处理好打人行为

打人是宝宝成长阶段的一种表达方式，类似于一种比较常用的手势，很多时候，不同于暴力动作“打”，那么，遇到宝宝打人的时候，妈妈怎么做，才利于宝宝成长呢？

宝宝打人的习惯是怎么养成的呢？宝宝几个月的时候，到了手部动作敏感期，他会积极练习抓、捏、拍、打等各种动作，这些活动，不但是宝宝手部肌肉成长的需要，同时也是宝宝智力发展的需要。

宝宝 9 个月上下的时候，手的功能分化有了进一步发展，手腕到上臂的支配能力有了很大的突破。他很快爱上了拍打这个能强烈刺激别人的动作，并从中体会到了一种能表达自己的快乐。

当宝宝做出拍打动作的时候，不管宝宝是在跟人打招呼，还是在表达某种情绪，或者是想引起别人注意，妈妈都要迅速制止他。妈妈要迅速截住宝宝的手，然后改变动作，对他说：“哦，宝宝想跟小伙伴打招呼！这样打招呼，握个手吧！”这样，宝宝就会懂得跟人打招呼要用握手的方式。

宝宝最初的拍打动作，大都来自和父母嬉戏时候拍打父母的脸。即便这个动作是无意识的，父母都不要因为宝宝会打自己了而开心或者和宝宝对打，也不要装作疼痛的模样，而是选择默默地把宝宝的手从父母脸上拿开的方式。然后，教会宝宝使用亲吻、抚摸、拉手等方式，表达对父母和小朋友的爱。

有的妈妈很喜欢和宝宝一起玩，高兴的时候，即使宝宝打她脸也是笑嘻嘻的，不高兴的时候，伸手就是一巴掌，甚至把宝宝打哭。这无疑是在教给宝宝打人是发泄不良情绪的方式，宝宝以后不高兴了就会想到打人、打妈妈。

当宝宝很高兴地伸出手的时候，家长可以迅速伸出自己的手，和宝宝“对掌”。从宝宝的心理来说，他只是想做手部动作“拍打”，打在哪里并不介意，所以，妈妈可以通过和宝宝玩“你拍一，我拍一”来转移宝宝注意力，并形成一种拍打惯性，这可以减少宝宝打人的次数。

妈妈一定要明白，宝宝最初的很多行为是模仿来的，要想宝宝不打人，妈妈还要防止宝宝看到一些充满打斗场面的电视节目、动画片、打架斗殴场面，多带宝宝看一些充满礼仪、温情的画面，并少跟爱打人的宝宝一起玩耍，同时夫妻之间也要禁止动手。

宝宝摔倒，怎么办

两三岁的宝宝，走在路上摔倒，是常有的事情。宝宝摔倒后，怎么办？很多妈妈为此而纠结过。这些妈妈都是关注宝宝成长的细心妈妈，她们担心扶了宝宝会产生依赖心理，所以不想扶；不扶吧，又担心宝宝受委屈，要是让宝宝觉得妈妈不心疼自己，会影响亲子关系。

哎，养个孩子真的是很难啊！

宝宝摔倒时

走路对大人来讲，是通向目的地的一种手段，而对宝宝来讲，学走路是促进腿部肌肉生长发育、增长智能的一种方式。大人跌倒了，会自己检查一下有没有伤着，不小心摔倒了，爬起来就好了。宝宝跌倒了呢？他会哭、会趴在地上、会害怕、会观察大人是否关注他，面对这种情况，妈妈该怎么做呢？

1. 摔了一小跤

首先妈妈要认清摔跤对宝宝来讲并不是一件大事，如果妈妈不扶，宝宝自己也能起来。这个过程对宝宝来讲是一次很重要的人生体验，宝宝会意识到，走路并不是迈开双腿就能平稳地进行下去的事情，而是跟周围的环境有关。

有了这类经验后，宝宝走路的时候就会多察看周围环境、多察看路面是否平整，从而调整前进路线、前行姿势、前行方向。如果宝宝有了在泥泞、不平路面摔倒的经历后，会明白自己应付不了这么复杂的情况，就会张开双臂让妈妈抱抱。

学步的宝宝，他的走路是带有一定的探索性质的，他要通过走路学会走路，这要靠他自己去摸索、尝试。这种反复尝试直至成功的经验让宝宝认识到自己具备掌握身体、把握环境、克服困难、解决问题的能力，宝宝的自信心就会大大增强。

如果妈妈总是牵着宝宝的手，或者宝宝一摔倒妈妈就赶紧跑过去抱起来，宝宝虽然少受了皮肉之苦，但是体会不到凭借自己的智慧和能力解决问题的快乐，会觉得自己很差劲，以后就养成了无论什么事情都仰仗大人、信服大人、藐视自己的习惯，独立性、自信心都会很差。

所以，当宝宝摔倒时，没有什么大碍，宝宝要是没有撕心裂肺地大哭，妈妈还是不要扶为好，毕竟是宝宝自己摔倒的。

如果宝宝恰逢生病或处于遇到挫折的心理娇弱状态，妈妈激励他爬起来，他不愿意，妈妈可以温柔地询问一下："宝宝，要妈妈帮忙吗？"当宝宝同意后，妈妈可以把宝宝抱起来，亲一亲，让宝宝在怀里撒个娇，就会连同宝宝刚受到的委屈都一起抚平了。

如果你的宝宝比较脆弱，不肯自己站起来，躺在那里干号，那么，妈妈可以趴下，以实际行动教宝宝站起来。

老一辈人习惯于把责任归罪于地面，这样的做法无异于在教宝宝将责任推卸给别人，这样的宝宝，长大后承担责任的能力可能就会欠缺。所以，妈妈还是对宝宝说："看着地面，慢点走，别急，长大了再走快！"这样的叮嘱对孩子来讲是最实用了。

有的时候，宝宝摔倒后并没有哭泣，而是看到妈妈心疼、惊慌的表情后才开始哭泣的。妈妈还是要尽量克制住自己的情绪，平静地面对宝宝的摔倒，轻轻地说："起来，宝宝，妈妈等你！"或"宝宝可勇敢了，自己就起来了！"

2. 摔了一大跤

学走路的宝宝，如果确实磕着碰着了，妈妈一定要尽快把宝宝抱起来，帮助宝宝揉揉磕着的地方。有伤口的话，尽快为孩子消毒、包扎。这样，摔跤这件事才不会留给宝宝可怕的印象。

如果这时家长态度冷漠、严肃，坚持让宝宝自己站起来，宝宝被疼痛和流血惊吓，可能会造成心理创伤。不要觉得宝宝哭了，就是懦弱的表现。当宝宝哭泣的时候，妈妈可以一边安慰宝宝，一边帮助宝宝擦去泪水。哭过之后，宝宝的紧张、害怕等负面情绪就释放了出来。

◘ 宝宝摔倒后

宝宝摔倒后，不管妈妈有没有扶，宝宝起来后，妈妈都要做一下善后工作。

1. 查看伤情

一看：看孩子倒地时的姿势与状态，脸色是否异常，手脚是否能动，身上有无外伤或起青包、出血、血肿，等等。

二问：询问孩子什么地方疼，胸部、肚子、头部有无不适的感觉。

三查：检查全身各个关节是否有问题。先让孩子做几次蹲下、起立的动作，接着让孩子伸展胳膊、活动手腕、左右转头，再让孩子反复做几次弯腰挺身动作，最后让孩子张口，看牙齿有无松动或脱落、口腔有无破损。即使上述检查完全没有问题，还要继续观察 1~2 天。主要观察孩子的大小便有无变化，如大便变黑、小便呈血色或黑色等。一旦发现异常，应及时送医院，千万不可掉以轻心。

2. 支持宝宝行走

行走的过程，既是宝宝对自身能力的探索过程，也是宝宝对环境的探索过程。在这个过程中，宝宝整个身体的协调性、肌肉的力量、掌握身体平衡的能力、自我保护能力都获得了充分发育，对身体、环境的认知也大大提高。

探索行为得到父母及时和正面的响应越多，宝宝越会对自己形成良好的评价，宝宝对自身和环境的认知越积极，他越会是一个平静而快乐的宝宝。相反，探索行为得到父母负面响应越多，宝宝对自身和环境的认知越趋向负面，并会对此感到不解和困惑，继而引发宝宝难以控制自己的负面情绪。

当宝宝表现出强烈的对身边事物的探索欲望的时候，他会到处摸、到处走、到处爬、到处翻，在家里，凡是他能够到达的地方，都要鼓捣一番。妈妈不要因为怕摔、怕磕、怕弄脏衣服、怕弄坏东西而制止宝宝，要知道，不管哪类活动，都是对宝宝身体部位的一个很好的锻炼。

宝宝“人来疯”

妈妈的同事来家里聊天，正在玩耍的云云见有客人来，丢下手里的玩具，到大人中间，蹦来跳去，一会儿扮鬼脸，一会儿问客人自己的裙子漂亮不？一会儿往客人嘴里塞个苹果，没人理她，就站到客人面前大声地唱歌、跳舞，搞得客人很烦，又没法说。

每当这个时候，妈妈都觉得很没面子，但为了宝宝的自尊，又不好发作，不过，看着也着实生气！

“人来疯”的宝宝可能更聪明

两三岁的宝宝，虽然已经能够区分“我的”“你的”，但自我的认定还是主要来自客体，特别是成人的评价和肯定。如果妈妈平时很忙，和宝宝在一起的时间少，宝宝有了什么收获，得不到妈妈的关注，宝宝就会出现“交往饥渴”。

当家里来客人的时候，宝宝觉得妈妈闲了，又有对宝宝态度很好的客人在场，就要把自己新学会的东西表现出来。这个时候，客人出于礼貌，一定会表扬一番的，但宝宝并不知道客人是出于礼貌才恭维他的表现的。被认可的喜悦让宝宝喜欢上了这种展示自己的方式，间接弥补了宝宝对于妈妈肯定的“饥渴”。从这个角度来讲，宝宝“人来疯”与缺少妈妈的关注有关。

宝宝喜欢热闹，当家里有新人加入的时候，宝宝要抓住这个打破孤单、寂寞的机会。可是，有的妈妈为了不让宝宝影响自己的事情，会很急切地对宝宝说：“去，跟爸爸玩去，妈妈有事情谈！”有事情？听了这几个字，宝宝更好奇了！

于是，宝宝很快就兴奋起来，主动与客人说话，拉着他们做自己喜欢做的事情。这个时候，妈妈不要怪罪自己的宝宝没有礼貌，这个年龄段的宝宝大都是以自我为中心的，他还不能移情，不会想到客人和父母有大人之间的事情要谈，所以只顾着满足自己的玩耍欲望。

有的宝宝习惯了一家人围着转的日子，客人来后没人理自己，感觉受到了冷落，但是又不能控制这种不好的情绪，就会想办法吸引大家的注意力：有的孩子发脾气，大哭大闹；有的则在屋子里跑来跑去，弄出很响的动静；有的则找事折腾父母，一会儿要看电视，一会儿要吃东西。

不管出于哪种原因造成宝宝“人来疯”，都实现了宝宝自我表现的需要，激发了宝宝的求知欲望，锻炼了宝宝的思维，抒发了宝宝的情绪。但是，宝宝“人来疯”也有一定的弊端，一方面妨碍了大人做事，使得宝宝讨人嫌；另一方面“人来疯”次数多了，有可能上升为一种人格行为，见人就表现，造成人格缺陷，影响正常的生活和交际。我们日常生活中见到的“哗众取宠”“小丑般”的行为就有这方面的原因。

◘ 不要强行制止宝宝

寂寞的宝宝受年龄限制，会有“人来疯”行为。这个时候，妈妈不能因为喧宾夺主、妨碍大人交谈、有失礼貌、让客人哭笑不得等，而训斥宝宝，更不能把宝宝驱逐出去。如果父母这样做了，会伤害到宝宝的自尊心，使得宝宝以后畏惧见人，影响宝宝身心的健康发展，同时也会使客人感到尴尬、为难。

因此，对“人来疯”这类孩子的教育要从表扬入手，不仅要纠正他的过分行为，还要教给他与别人交往的方法。

1. 给宝宝表现的机会

宝宝的好奇心很强，但是持续时间又很短，如果妈妈给了宝宝表现的机会，宝宝的表现欲获得了满足，再哄宝宝离开就很容易了。

为防止宝宝反应不过来，妈妈最好在客人到来之前跟宝宝商量商量。商量的形式如果能让宝宝感受到妈妈对他的尊重，宝宝接受起来就比较容易。

妈妈说：“宝宝，一会儿有个阿姨来家里跟妈妈谈工作上的事情，到时候，你跟阿姨打个招呼，把你这几天学习的舞蹈表演一下，然后就回自己房间玩耍，客人走了，妈妈就和你一起玩，好不好？”当宝宝表演完了之后，妈妈可以说：“真不错！宝宝该自己去玩耍了，等下一次我们学一首歌唱给阿姨听，好不好？”妈妈有言在先，又遵守了约定，宝宝转换起角色来就容易了。

当家里来客人的时候，父母不要把宝宝排除在外，而要把宝宝当成主人，和妈妈一起招待客人。当和父母一起张罗给客人让座、倒茶、拿水果、帮忙拿东西的时候，宝宝不但学会了待客之道，而且因为做了主人、参与了招待客人而有了一种成就感，成就感会催生责任感，以后宝宝就懂得了待客之道，乖乖为客人服务，而不是打扰客人。

2. 平时多和宝宝一起玩

妈妈平时抽出一定的时间，陪宝宝说说话、玩玩游戏、唱唱歌、遛遛弯儿等，让宝宝感受到妈妈很爱他，宝宝心里有底了，知道妈妈离开后还会回来，就不会过于黏妈妈。

有的妈妈对宝宝比较严格，较早地给宝宝立了各种规矩，使得宝宝感到压抑。客人来了，父母碍于面子，就会对宝宝疏于管教，宝宝可以调皮、可以说笑了。于是，宝宝就盼着有客人来，他会抓紧这个时间尽情舒展自己童真快乐、活泼好动的天性了。宝宝自控能力较差，难免把握不住玩乐的分寸，不小心就成了“人来疯”了。

如果平时，妈妈娇惯宝宝一点，让宝宝随意表露自己的喜乐，不随意惩罚宝宝，只是告诉宝宝什么能做什么不能做，不出问题就不惩罚宝宝，宝宝被关注、被宠爱的心理获得了满足，就不会轻易“人来疯”了。

3. 妈妈不要太虚荣

很多妈妈为宝宝有点才艺而骄傲，当家里来客人了，为了展示宝宝的机灵聪明，就让宝宝表演给别人看。受到表扬后的孩子，会把这当成获得荣誉的最好的办法，有的孩子甚至迫切地希望家里来人，当家里有人来了，表演欲就上来了。

所以说，妈妈不经意的行为，有可能成了宝宝“人来疯”的促因。妈妈在生活中尽量不要给宝宝这样的引导，即使要夸奖宝宝，也要多夸宝宝很努力，少夸宝宝表演得好、漂亮，以免宝宝虚荣。

4. 带宝宝多交往

由于爸爸妈妈工作比较忙，宝宝很少碰到自己不熟悉的人，他没有和不认识的人或者不熟悉的人交往的经验，所以一旦看见陌生人，就显得很兴奋。对于这种情况，父母应该在节假日的时候，多带宝宝出门，逛逛公园、商店，拜访亲友，让宝宝的感官得到充分的刺激，对于碰到陌生人这样的事情也感到十分习惯，这样就不会在家里来了客人时表现过于活跃了。

宝宝欺负小动物

阳阳是跟奶奶一起长大的，奶奶生病后，阳阳便回到了妈妈家。妈妈家养着美丽的小金鱼、绿壳乌龟，阳阳并不喜欢，他吵着要跟奶奶玩，可是奶奶在医院里需要安静，妈妈不能带阳阳去，阳阳很不开心。

一天，妈妈从厨房出来，看到阳阳拿着一把刀，正对着乌龟壳发力呢！妈妈大惊，小小的孩子怎么这么狠心呢？

可能是受了委屈

宝宝欺负小动物的行为经常发生。出现这样的行为，难道真的是宝宝本性很残忍才做出的吗？

从心理学角度来看，儿童虐待小动物的行为实际是儿童心理障碍的行为化表现，在很大程度上是儿童发泄心中郁闷、缓解紧张情绪的一种方式。

心理学研究表明，当人类个体遭遇心理压力和挫折境遇时，他的攻击性行为就会被激发出来。宝宝天性善良，做出这样残忍的行为，妈妈先要思考一下，宝宝是否心里不舒服呢？有什么压力困扰着他呢？比如，妈妈是不是关心宝宝不够？宝宝是否有什么愿望没有实现？家人是不是对宝宝要求过严？宝宝是不是不喜欢幼儿园的生活？……

3 岁以前的宝宝，还不具备一定的情绪调节能力，当宝宝觉得自己受到了不公正的待遇时，心里难过，而又没有勇气也没有能力反击，内心就会积留一股怨气、怒气，他要发泄掉这些负面情绪，不敢跟大人较量，就只有欺负比他更弱小的有生命的小动物了。

所以，当妈妈看到宝宝用刀切乌龟壳、用脚踢小狗、用手拧猫咪的身体、把金鱼从水里捞出来等欺负小动物的行为时，在制止宝宝的行为后，还要了解宝宝的内心。如果宝宝是因为不喜欢幼儿园而郁闷，妈妈就要和老师取得联系，搞清楚宝宝在幼儿园有没有什么特殊的情况，然后帮助宝宝解开心结，这样，宝宝才不至于“踢死狗”。

幼儿时期是人格形成的关键时期，如果宝宝的内心隐藏着仇怨的死角，在人格建构过程中就不会是积极向上的，成人后就容易形成反社会型人格，表现为：对挫折和不公平的遭遇过度敏感；没有一颗宽容的心，常有突发的愤怒和暴力行为；多疑，对他人常常抱有敌意，不能顺利交往；等等。

□ 想办法改变宝宝的心情

3 岁前的宝宝，靠着一个接一个的敏感期发展自我，宝宝内心的需求得到满足，宝宝才能快乐成长。精神压力持续久了，得不到释放，就会演变为精神病变，影响身心健康。所以，妈妈平时要多关注宝宝，一旦宝宝情绪不好，或者出现不良的发泄行为，比如，残害小动物、欺负小动物等，在及时纠正宝宝行为的同时，还要帮助宝宝抚平内心的不稳定。

1. 帮助宝宝缓解心理压力

宝宝出现了残忍行为，妈妈要帮助宝宝查找造成这种不良行为的原因。分析是由哪种压力造成的，然后根据具体情况选择合适的方法去减轻、缓解宝宝的心理压力，才能从根本上解决问题。

缓解心理压力的方法很多，比如，带宝宝出去散步、做一些蹦蹦跳跳的运动；给宝宝一支画笔，让宝宝涂鸦玩；把宝宝抱在怀里，陪宝宝静静地坐着；听宝宝讲讲遇到了什么不高兴的事情……

当然，要用哪种方式来释放掉负面情绪，还要看宝宝的意愿。妈妈提出来，让宝宝选择，再好不过了。

2. 培养对小动物的热爱之情

一个热爱小动物的宝宝，能够切身体会到小动物的感受，小动物疼痛的时候，他也会很痛心，所以，教孩子养一只小动物、带孩子亲近小动物，对孩子的人格发展绝对是一件非常有益的事情。

家里养一只小狗、小鸟、小乌龟、小金鱼、小兔子等，和宝宝一起照顾小动物，宝宝和小动物有了亲密接触的机会，等宝宝发现了小动物的诸多可爱之处后，和小动物的感情就建立起来了。

3. 给予宝宝足够的爱

0~3 岁，是宝宝建立对周围世界的信任感的关键时期。信任感建立得好的宝宝，感到这个世界是安全的，他的心态是乐观而美好的，对待外界也是亲善友爱的。即便遇到小小的挫折、不如意，也能正确面对，而不是通过极端的方式去发泄。

在 3 岁以前，特别是 2 岁以前，妈妈要多多陪伴宝宝，多和宝宝沟通，让宝宝享受到足够的爱，宝宝才会施以爱。当然，这里的爱是理智而甜蜜的亲子之爱，不是宝宝要什么给什么的物质上的溺爱。

有的妈妈觉得宝宝的日子太舒服，于是总是想办法给宝宝设立一些小困难，以培养宝宝的抗挫折能力。培养抗挫折能力没有错，但是妈妈要把握好一个度，不要让宝宝感觉妈妈很冷酷，这样宝宝无法建立起信任感，就容易滋生仇恨的情绪，进而诱发他的虐待行为。

培养抗挫折能力，要根据宝宝的承受力酌情对待。比如，对于刚刚会走路的宝宝，如果要他走很长的一段路，宝宝就会对走路失去信心，一出门就让抱着。如果妈妈只让他走一小段路，然后随着腿部肌肉的逐步发达，拉长走路的距离，宝宝就会对走路充满信心。

第七章

从宝宝的特点出发，调理宝宝生活

宝宝不好好吃饭

有的妈妈经常为了宝宝吃饭这件事情而苦恼。妈妈下班后，不顾上班的辛苦，马不停蹄直奔超市，不管价格怎么样，只要是新鲜的、有营养的，就往家里搬，到家急急忙忙做好饭了，宝宝却不吃。

看着自己的战利品不被宝宝接受，妈妈甭提有多失望了。于是，想方设法地哄宝宝，宝宝走到哪里，妈妈就端着饭碗跟到哪里，结果，宝宝还是只吃进那么一点点。妈妈发愁，喂宝宝吃个饭怎么就这么难呢？

不当喂养，导致宝宝失去饥饿感

吃饭本是人的天性，宝宝怎么就不喜欢呢？宝宝小的时候，一饿就会哭泣，妈妈过来喂他就不哭了。由此可见，宝宝并不是生来就讨厌吃饭这件事的。那么，是什么导致宝宝失去了吃饭的兴致呢？

1. 吃饱了，还喂

当宝宝喜滋滋地开始张嘴接住妈妈喂过来的饭时，妈妈非常开心，因为宝宝能吃饭了！能吃饭就意味着可以健康成长。于是，当宝宝把头扭到一边，小手一个劲儿摇摆的时候，妈妈还要喂，搞得宝宝很烦。其实宝宝是在用身体语言告诉妈妈“我饱了”，可是妈妈总觉得再给宝宝吃一些会更好，于是想方设法再往宝宝肚子里塞一些妈妈认为有营养的物品。

有的妈妈害怕宝宝吃不饱，觉得宝宝吃得越多身体越好，于是不管餐前餐后，都往宝宝手里塞吃的，诸如水果啊、面包啊之类的。买来的小食品，较之妈妈做的饭菜，往往更能满足宝宝的口欲，不知不觉间宝宝就会吃进很多，到了吃饭的时间，就吃不进去了。但是在妈妈眼里零食不是饭，到了餐桌上，宝宝必须吃下很多肉、菜、饭，妈妈才肯善罢甘休。否则的话，妈妈就会想尽办法催宝宝吃，搞得宝宝很烦躁。

2. 吃什么，妈妈限制

有的宝宝喜欢吃肉，每餐只要有肉，就能吃个肚圆。妈妈觉得宝宝吃肉太多、吃菜太少，不利于身体健康。于是，就开始禁止宝宝吃肉，硬是把菜往宝宝碗里塞，搞得宝宝连肉都不愿意吃了。

这种刺激过多、过强和作用时间过久而引起极不耐烦或反抗的心理现象，称为“超限效应”。宝宝频繁地被妈妈要求吃饭，本来一件简单的行为被妈妈演绎成了一种义务，仿佛是在为妈妈吃饭一样，宝宝不可避免地会产生逆反心理。被强迫吃饭的宝宝会拼命反抗，而被迫少吃饭的宝宝则会感到受了虐待反而更加想吃。行为疗法专家阿奈特·喀斯特采恩指出，正是家长这种对孩子吃得“太多”“太少”“太单一”的忧虑，使饭桌成了“烦桌”。

只要宝宝每天快快乐乐、活泼可爱，即使宝宝的饮食单一、食量不大也没关系。宝宝最清楚自己需要什么，需要什么他就会摄入什么，正所谓，不吃就是不饿不缺。不这么做，强迫只会使得宝宝厌食。

◘ 千万不要追着喂

追着宝宝喂饭，哪个妈妈都不愿意，可是很多妈妈都在做。主要原因就是妈妈们怕宝宝饿着，觉得自己麻烦一些，总比饿着宝宝强。其实，有这样做法、想法的妈妈问题就出在没有树立正确的喂养原则上。

1. 妈妈不要乱了阵脚

吃饭是宝宝自己的事情，当宝宝找到了当家做主的感觉后，吃饭的积极性也就来了。妈妈只要准备足量的营养、足够的饭菜就好了，吃多少、吃什么由宝宝自己来决定。妈妈的目标就是让宝宝养成按时定量吃饭的习惯，妈妈虽然不能够决定宝宝吃多少，但是妈妈可以控制两餐间隔时间，一般是4~6小时。这样的用餐安排有一定的科学道理，经过4~6小时，肠胃对食物进行了有效的消化，按照胃吸收和排空的时间来控制两餐间隔，可使消化系统处在有节律的活动状态，可保证宝宝充分消化吸收营养。如果妈妈确实想让宝宝多摄入某种食品，只有在做菜做饭上下功夫，提升宝宝对食物的兴趣，但是绝不可以简单化地命令宝宝吃。

宝宝懂得恰当地吃入他所需要的量，既不多也不少。这餐可能肉多吃点儿，那餐可能米饭多吃点儿，妈妈都不要约束宝宝。宝宝有时候吃得多，有时候吃得少，妈妈不要每天都盯着宝宝的筷子，只要在一个阶段内摄入的食物是平衡的，就可以满足宝宝的需要，妈妈不必为此担心。

妈妈根据自己在健康饮食方面的知识确定并选择要吃什么、什么时候给宝宝吃、怎样吃，并规定吃饭时间以及次数，而由宝宝决定吃不吃、吃多少。

无论孩子吃得多还是吃得少，妈妈都不唠唠叨叨地追着喂宝宝，宝宝会从父母身上感受到：吃饭不是一种义务，而是一种快乐。在没有压力的环境下，宝宝的食欲就会很健康，懂得如何根据自己的需要来控制饮食，不偏食、不多食。

2. 培养宝宝吃饭的专注力

小宝宝最感兴趣的是玩具，刚开始引导宝宝吃主食的时候，妈妈可以允许宝宝手里拿着玩具。但是，妈妈要想办法把宝宝的注意力引导到吃饭上。妈妈可以说："哦，今天的饭菜真香，宝宝吃！妈妈只喂宝宝！"

宝宝能够自己吃饭的时候，妈妈就可以让宝宝把玩具放在玩具箱里，告诉宝宝："让玩具休息一会儿，宝宝吃完饭就有力气了，再好好玩！要不玩具会抢宝宝的好吃的！"

当宝宝能够独自吃饭的时候，妈妈就要给宝宝立一些规矩了。妈妈要告诉宝宝吃饭的时候不要玩玩具，不要老从椅子上下来，不要老喝水，不要边吃边看电视等，这样时间长了就可以培养他的条件反射和心理适应规律。

宝宝刚刚学着自己坐到餐桌前吃饭的时候，虽然积极性很高，但是因为缺少必要的吃饭技巧，会把餐桌搞得很乱。这个时候，妈妈一定不要喂宝宝吃饭，经过"抓饭""混乱"的局面后，宝宝就能准确拿勺子、筷子夹菜、吃饭了。

3. 营造良好的用餐氛围

全家人要着力营造一种到了吃饭时间全家人围坐在餐桌前的用餐氛围。不管家里人谁有没干完的事情，到了用餐时间都要停下，共同吃饭。当然，如果某个家庭成员有特殊情况不能按时到餐桌吃饭的，妈妈要跟宝宝讲清楚，让宝宝明白规矩是死的，但执行起来是灵活的。

吃饭的时候，妈妈不要数落宝宝的劣迹，也不要说任何不高兴的事情，可以讲一些高兴的事情，以改善大家的用餐心情。

妈妈不要当着宝宝的面说这个不好吃、那个不好吃，受大人影响宝宝就会先入为主地觉得哪道菜不好，就会拒绝食用。事实上，每道菜都有一定的营养成分，妈妈只需说出来就好了，不要带有任何感情色彩，也不要劝说宝宝，而要让宝宝自己品尝、选择。

宝宝不吃青菜

牛牛不喜欢吃菜，就喜欢吃肉。妈妈希望牛牛多吃点儿菜，每天都要在牛牛面前说蔬菜有多好，不吃蔬菜容易生病，可牛牛就是不听话。牛牛说了："我就吃肉，肉香!"妈妈哭笑不得。

宝宝不认识青菜

3岁以下的宝宝思维简单，做事情考虑不到后果，所以吃饭的时候，他不会想到营养问题，只按着自己的喜好选择吃什么。宝宝的味蕾密度较高，对同样味道的敏感度高，喜欢香味，所以，肉和甜品等不用妈妈鼓励，宝宝就能主动多吃。而对于那些有特殊气味的蔬菜，宝宝不喜欢也不习惯。比如，韭菜、辣椒、芹菜、茴香、胡萝卜等，吃过一次就以偏概全不喜欢蔬菜了。

宝宝不喜欢蔬菜，妈妈便不断地向宝宝强调，吃蔬菜多么好，甚至把蔬菜直接放进宝宝的碗里。妈妈这种强制性的做法并不能改变宝宝的选择，因为小宝宝重视体验，他只喜欢自己喜欢的味道。

如果妈妈推荐了某种蔬菜，强行让宝宝吃下去，宝宝觉得不好吃，恶化了宝宝对蔬菜的印象，以后妈妈更难说服宝宝吃蔬菜了。所以，强制性地把蔬菜送到宝宝嘴边并不是让宝宝吃蔬菜的好方法。

只要宝宝没有营养问题，妈妈不要急于改变宝宝。不要管宝宝喜欢不喜欢，家里的餐桌上都要有蔬菜，父母该怎么吃怎么吃，宝宝不喜欢吃就不吃，这种貌似不关注的态度，会淡化宝宝对蔬菜不喜欢的记忆，久而久之就忘了。妈妈暗地里再培养宝宝对蔬菜的接受心理，宝宝不知不觉中就会喜欢上蔬菜。妈妈出去买菜的时候，可以带上宝宝。

比如，在市场上看到红艳艳的西红柿，妈妈可以说："宝宝，这家的西红柿不错啊！你挑几个。"小宝宝处于动手的敏感期，参与意识很强，会非常开心地挑西红柿。这时候，妈妈可以教教宝宝："这个西红柿个大又圆，吃起来水分多，一定很甜！要这个吧？"或者说："这次都是宝宝自己挑选的，回去要多吃一点啊！下次妈妈还让宝宝挑。"

餐桌上，家人一起夸奖一下西红柿好吃，宝宝挑选得好，在为他人付出的愉悦心情驱使下，宝宝就会吃上一些，为了以后还去挑选，宝宝会多吃一些。

当然，妈妈不能每次买菜都带上宝宝，为了让宝宝跟蔬菜亲密接触，妈妈可以让宝宝一起洗菜、择菜、削皮、装盘子，宝宝自己参与制作的菜肴，会更加有期待心理，吃起来也分外香。

如果有条件和宝宝一起种植蔬菜，那么宝宝对蔬菜的感情会更加深一层，就会觉得吃蔬菜是一件理所应当的事情，即使味道不怎么喜欢，也能吃得下去！

总之，妈妈要在蔬菜采购、制作环节上多给宝宝创造接触的机会，宝宝熟悉了蔬菜，对蔬菜有了感情，就没有了抗拒心理。

◘ 把青菜包装起来

对于3岁以前的宝宝，他的思维认识还停留在感性阶段，在饮食上不会考虑到营养，好吃第一位，能让他有食欲、好看，就能够吸引宝宝尝试。

所以，妈妈不妨从以下几方面做做功课，或许就不必为了宝宝不吃青菜而焦虑了！

1. 给蔬菜穿上华丽的外衣

外形好看的食物一下子就能吸引宝宝的注意。比如，妈妈把胡萝卜切成花形、把菜花一朵朵码在盘子上、把玉米粒跟黄瓜块放在一起、在肉丁里放上青椒丁……宝宝看到这些美丽的食品，会很好奇地问妈妈："妈妈，这是什么？"妈妈可以告诉宝宝："是妈妈特意为宝宝准备的食品啊！你要多吃点儿啊！"宝宝都有被爱、被关注、被重视的渴望。接下来，宝宝当然无比幸福地去吃了。

2. 菜不要太多

宝宝喜欢吃肉，妈妈做的肉菜如果太多，宝宝吃肉就吃饱了，还能吃得进菜吗？所以，妈妈每次只炒一盘肉，而且够全家人营养的量就够了。那么，这一盘肉怎么吃呢？

有的妈妈是，只要宝宝喜欢吃，别人就“封口”了。这样做，不但不利于培养宝宝的爱心、孝心，也会断送宝宝吃菜的兴趣。

妈妈可以对宝宝说：“爸爸妈妈每天工作很累，需要补充体力，都要吃一些肉！”这个时候，爸爸妈妈都不要客气，吃够自己的那一份。然后对宝宝说：“盘子里的肉都是宝宝的了。宝宝夹一口肉，再夹一口菜试试，味道很不错的。爸爸妈妈就是这样吃的！”

这样，慢慢地，宝宝就养成了既吃肉也吃菜的习惯。

3. 把蔬菜当零食

不吃蔬菜，加上喜欢吃垃圾零食，足够当下的妈妈操心的了。不过，转换一下思维，这个问题似乎就不是问题了。如果妈妈足够有耐心，把蔬菜做成零食，那么就不用操心宝宝吃多了垃圾食品，影响胃口、伤害健康了。

比如，把胡萝卜切成条、把黄瓜切成条，吃的时候蘸上甜面酱，味道不错的；把生菜、橄榄菜等夹到面包里，宝宝饿了的时候，拿起来就可以吃。

俗话说，饥不择食。宝宝饿了的时候，就不会那么调皮了，顺手拿起来就吃下去了。还有一点很重要，就是妈妈不要买回那些花花绿绿的袋装小食品存放在家里了。

4. 把蔬菜“藏”起来

宝宝喜欢吃肉，那么妈妈就把菜放进肉里，做成带馅的食品，如肉丸、饺子、包子、馅饼等。刚开始的时候，妈妈少放些菜，多放些肉，慢慢地，宝宝适应了味道，菜就可以稍微多放一点了。

5. 发挥榜样的力量

榜样对宝宝的影响特别大。妈妈可以寻找一个喜欢吃蔬菜的宝宝，经常把他带到家里吃饭，餐桌上一定要有自己宝宝平时不吃的蔬菜，当妈妈殷勤地给别的小朋友夹菜，并夸奖他喜欢吃菜身体棒、长高个的时候，自家宝宝的心里一定不是滋味，说不定当时就忍不住要吃菜了。

宝宝喜欢吃零食

看着宝宝吃零食的开心样子，妈妈更加劲地把超市里花花绿绿的零食拎到家里来，至于营养方面，妈妈觉得并不重要，重要的是宝宝喜欢，“吃总比不吃好”。直到有一天，宝宝只吃零食不吃饭，出现严重营养不良的时候，妈妈才傻眼了。

宝宝喜欢吃零食

宝宝喜欢吃零食，是有一定的理由的。

首先，是由宝宝的生理特点决定的。

宝宝处于生长发育阶段，需要的热能及各种营养素按体重计算相对比成人多，所以要多吃几餐饭。宝宝胃肠道的容积小，消化能力相对差，吃一点儿胃里就满了，一次吃不了很多的食物。所以很多妈妈从宝宝能够吃辅食开始，就在家里准备了各种零食，如面包、蛋糕、蔬菜泥、奶制品、巧克力、糖、水果、果丹皮等。

其次，袋装食品很诱人。

市场上出售的花花绿绿的零食，都有很好的味觉刺激，甜、辣、酸、香、咸等，能够极大地满足一个人的口欲，不要说宝宝，就是大人吃了都会上瘾，难怪宝宝吃过一次后还要买。

袋装食品的包装也很诱人，光光的、亮亮的，还有好看的图案，有的精明的商家还在食品里面附上当下动画片里的人物卡，拆开包装，宝宝一下子就被这些小礼物吸引住了，更增加了这些袋装食品对宝宝的吸引力。

很多的袋装、盒装小零食，做工都非常考究，而且量都不大，吃过一袋之后，宝宝就会想吃另一袋，而很多妈妈是不愿意宝宝一次吃那么多的，便跟宝宝说："过一会儿再吃吧!"这样，宝宝更馋了，常常不自觉地一天就吃下几种袋装食品。

有的时候，妈妈为了哄宝宝听话，就说："你好好地坐一会儿，回头妈妈给你拿袋爆米花吃。"或者说"你再不听话，妈妈就不给你薯片吃了!"这些语言传递给宝宝一个不良信号——零食是奖励品。

零食不是奖励品。不要将零食作为奖励、惩罚、安慰或讨好孩子的手段，时间长了，宝宝会认为奖励的东西都是好的，自己喜欢吃零食很正确。

零食和正餐虽然都是宝宝成长过程中不可缺少的食品类型，但是零食毕竟不同于正餐，有一定的弊端。

首先，零食吃多了，会影响正餐，扰乱消化系统的功能，对宝宝的成长不利。

其次，很多的零食也就是妈妈们常常担心的"垃圾食品"，包括糖果、膨化食品、碳酸饮料、腌制食品、方便食品等，里面含有各种各样的添加剂、油、盐、糖、味精、色素、防腐剂等。糖吃多了，只能提供热能，会导致宝宝体重超标；盐吃多了，会增加宝宝心脏和肾脏的负荷；不同口味的碳酸饮料，喝多了则导致宝宝骨质疏松。

零食虽然有很多不利于宝宝身体发展的因素，但是妈妈并没有能力让零食从孩子的生活中消失。所以，妈妈要慎重对待零食，才能趋利避害，使得零食真正成为宝宝成长的"辅助食品"。

◘ 有节制、有选择地吃零食

为宝宝选择零食，妈妈们都知道要选择正规厂家生产的、清洁、卫生、包装完整、含糖低、含脂肪少、含盐少的零食。除了这些以外，妈妈还要有节制、有选择地给宝宝食用零食，真正做到科学食用零食，让零食促进宝宝健康，而不是拖健康的后腿。

1. 吃零食要把握的几个原则

既然是零食，只能作为正餐的补充，所以妈妈一次给宝宝零食的量不能太多。2～3 岁的宝宝，一次一块小蛋糕，饼干、豆腐干、鱼片、果丹皮之类的一次两三片，酸奶、牛奶、果汁，不要超过 100 毫升，煮鸡蛋只需半个。也不能不停地吃，只要在两餐之间提供 1～2 次有营养的零食就好了。为了不影响正常进餐，吃的时候最好是饭前 2 小时。

选择零食要考虑到营养成分，富含矿物质、维生素的干果、水果都是不错的选择。水果最好选择应季的品种，什么季节吃什么水果，才具有该水果所应该具有的丰富营养和香甜口感。那些使用催熟剂催熟的水果，虽然新鲜，但是催熟剂乙烯对人体有害而无利。

可作为零食的食品很多，妈妈一定要记得不要宝宝喜欢吃什么，就每天准备什么。再好的东西，吃多了就过量了，也败坏了胃口。所以，妈妈最好每天变换零食的品种，以确保各种营养成分的充分摄入。

2. 有些零食不要吃

有些零食很诱人，色、香、味俱全，可就是没有营养。比如，路边的油炸食品、马路上卖的爆米花、罐头食品等。妈妈一定要慎重对待。

第一种，路边的油炸食品。

当下，油炸食品遍布了大街小巷。妈妈带宝宝出去玩的时候，宝宝很容易被吸引。这些油炸食品，比如炸肠、火腿、烤馒头等，虽然闻起来香味扑鼻，但是非常不利于身体健康。

油炸食品在持续高温下，里面的油会产生一些致癌物质，特别是强致癌物“丙烯酰胺”，增加了患癌症的风险，还会影响智力发育。在油炸过程中，造成了维生素、微量元素等营养成分流失，脂肪、糖和氧化物质含量却很高，增加了消化的难度，在胃里停留时间会变长，加重了肠胃负担，会影响宝宝的消化系统健康。所以，一定不要给宝宝吃路边的油炸食品。

第二种，马路上卖的爆米花。

爆米花香甜脆口，宝宝很喜欢吃。可是那些用含铅的铁罐加工的爆米花，其中含铅成分很高，多吃易导致铅中毒。宝宝可以少吃点儿。

另外，罐头、蜜饯、饼干、果脯等零食含有较多的糖，在制作中损失了部分营养素，要限量食用。坚果类食品较有营养，但是那些加工过的，被披上了油脂、糖、盐“外衣”的坚果，要尽量少吃。

宝宝晚上不睡觉

很多妈妈都有相同的苦恼，那就是晚上宝宝不肯睡觉。有的宝宝越到晚上越精神，还得妈妈陪着玩；有的宝宝，非要妈妈抱在怀里在房间里走来走去才肯睡；有的宝宝总是睡不沉，稍微有一点儿动静就醒来；有的宝宝则是习惯性地在夜间哭泣，非常熬人。

宝宝睡不好觉，就会吃不好，心情也不好，自然影响生长发育，容易导致肥胖等。面对如此众多的宝宝不睡觉现象，怎么做才能让宝宝按时进入甜蜜的梦乡呢？

导致宝宝不睡的原因很多

宝宝到了晚上不睡觉，原因很多。

1. 生病

妈妈首先要查找一下硬件方面的因素。看看宝宝是不是不舒服，如果发现宝宝吃喝都没有问题，也没有发热、疼痛的迹象，基本可以排除这个原因。

2. 太热或者太冷

检查一下是否存在不利于睡眠的环境因素。夏天的话，看看是不是天气太热，让宝宝无法入睡，如果过热，就把空调打开，但是要注意空调风不要直接冲着宝宝吹，温度不要太低，26℃左右即可。冬天的话，如果宝宝总是蹬被子，可能是室内温度太高，这个时候，不妨少给宝宝盖点儿被子。

3. 吃多了，睡不着

还有一种可能，就是宝宝吃多了，睡不着。这个时候，妈妈可以喂宝宝吃一些儿童用的消食片，促进宝宝消化。

4. 太兴奋了

最常见的导致宝宝睡不着的因素就是宝宝太兴奋了，如家人给宝宝买了新玩具、家里来了客人、白天睡多了等情况。在这些情况下，如果妈妈通过什么方法都不能给宝宝带来睡意，就该睡觉睡觉，让宝宝自己玩吧！宝宝玩困了，自然就睡了。

经常性“夜哭”导致不能睡眠的情况则属于睡眠障碍，发作开始时宝宝一般只有一些躯体活动和呻吟，进而笑、大叫，在床上剧烈地翻滚，到处划拉东西。有时可能会呼唤父母，但却对父母“视而不见”，常自言自语，但却不能回答问题。

婴儿因为肢体活动局限，常表现为无法安慰的哭闹，患儿的眼睛可睁可闭，出汗明显，没有惊恐的表情，但看上去非常困惑、激动和不安。每次发作一般持续几十分钟至 1~2 小时，其中有 5~15 分钟的表现非常典型。宝宝对所发生的过程完全没有记忆。

妈妈不要把这类情况当成噩梦，专家认为这类疾病与小孩睡眠调控中枢发育不良有关，无须药物治疗。只要改善不良的睡眠习惯、环境因素、疾病因素等的影响，一般 2~3 个星期就会减少发作频率，慢的 1~2 个月也会逐渐好转。

◘ 培养按时睡觉的习惯

妈妈要从小帮助宝宝养成良好的睡眠习惯。

1. 培养宝宝的睡眠意识

从宝宝出生 2 周以后就可以开始了。等宝宝 2 周大时，妈妈就可以开始教他区分白天和夜晚了。宝宝白天醒着的时候，尽量多跟他一起玩耍，让他的房间有充足的光线，也不用特意减少日常的生活噪声，比如电话铃声、电视音量或洗衣机嗡鸣声。如果宝宝在需要吃奶的时候仍然在睡觉，你要叫醒他。晚上，小家伙醒来吃奶时，不要跟他玩，屋里的光线调暗一点，保持四周安静，不要跟他多说话。不久，宝宝就会开始意识到是晚上睡觉的时间。

一般情况下，宝宝 6 周的时候就能睡整夜的觉了，当宝宝有了困意但还清醒的时候，妈妈就可以把他放到床上睡觉了。小宝宝很敏感，对身边的人、事、物都会有很强的反应，家里人不要大声喧哗，但也没必要过于限制自己的行为，营造一个过于安静的环境，反倒使得孩子不能适应正常的睡眠环境了。

2. 陪着宝宝入睡

婴儿期，妈妈最好陪伴宝宝入睡，宝宝睡醒了的时候，能够让宝宝及时地看到妈妈那张亲切而熟悉的笑脸，这样宝宝会更有安全感，到了睡眠时间，也可以轻松入睡。

3. 营造良好的睡眠环境

到了睡眠时间，一家人就要着手准备睡觉了。爸爸妈妈都停下自己的事情，再好玩的游戏也不玩了，再好看的电视也不看了。一起洗脚、洗澡、铺床、换睡衣，准备上床。

美国费城儿童医院睡眠障碍中心朱迪·明德尔说："如果你的宝宝知道接下来该干什么，他会更放松。宝宝越放松，就越容易上床快速入睡。"

如果居住环境较吵闹，比如睡房靠近马路，路灯较亮，可以把窗户玻璃装成隔音的，挂上遮光的窗帘。

4. 按时完成睡前节目

有洗澡习惯的宝宝，妈妈可以对宝宝说："洗个澡，干干净净睡觉了！"有刷牙习惯的宝宝，妈妈把宝宝喊过来，对宝宝说："刷牙，睡觉了！"他就会像听到临睡前的号角一样，积极主动地过来刷牙！有讲睡前故事习惯的，妈妈可以把故事书准备好，对宝宝说："讲完好听的故事，就睡觉了！"有听歌习惯的家庭，妈妈可以把音乐打开，然后很自然地抱起宝宝放到床上，一家人关灯听音乐睡觉了。

宝宝做噩梦了

有的时候看着宝宝在梦中微笑，还咯咯地笑出声来，妈妈拿相机抓拍一下，就定格成了永久的回忆！但宝宝并不是每次都做能笑醒的美梦，哭醒的时候也很多。很多妈妈想搞清宝宝为什么做梦，做梦对宝宝的睡眠是否有影响。

为什么做梦

宝宝做梦时的一些动作，如说梦话、叫喊、夜游等，都是由于大脑神经细胞主管语言和主管动作部分的活动而引起的，一般情况下都是正常的。通过大量的研究和事实证明，睡眠时做梦与脑的成熟，心理机能的发生、发展是有较密切关系的。但应注意的是，宝宝经常说梦话会影响宝宝的睡眠质量，因此，父母应当了解宝宝说梦话的原因，帮助宝宝健康睡眠。

容易导致宝宝精神紧张的因素很多，比如白天玩得太累，去了令宝宝恐怖的地方，见到了让宝宝害怕的人和事，观赏了一部恐怖影片，爸爸和妈妈吵架，等等。总之，白天经历了让宝宝紧张、害怕、难以理解的事情后，焦虑情绪留存在宝宝的大脑里，到了晚上就以梦境的形式释放出来。

有的时候，妈妈觉得宝宝没有经历让他恐惧的事情，还是会做梦、说梦话、叫喊。对于 3 岁以前的宝宝来讲，很多事情都能带来压力和噩梦，包括如厕训练、换大床、上幼儿园或换幼儿园老师、妈妈去上班、被别的小朋友欺负等。这些小事情在大人眼里不算什么，但是足以引起宝宝情绪的不安和波动。

对宝宝影响最大的就是噩梦，因为噩梦后，宝宝醒来就睡不着了。有的宝宝到了第二天还在害怕。噩梦不同于夜惊，夜惊往往出现在睡眠的前三分之一时段里，这个时候，宝宝还处于无梦的深睡状态，但他的表现却是极度受惊。这个时候，妈妈不要安抚，因为夜惊结束后，宝宝照样睡觉，第二天也不会知道发生了什么事情。一旦安抚的话，把宝宝弄醒了，倒影响了宝宝的睡眠。

◘ 家长不要喊醒宝宝

做梦虽然是功能性的，随着宝宝不断长大，神经细胞逐渐发育成熟，梦境会逐渐消除。但为了让宝宝不被梦境打扰，妈妈还是要做一些工作的。比如，宝宝说梦话，不要喊醒宝宝；宝宝做噩梦了，要想好方法安抚宝宝。除此以外，第二天要想方法疏导宝宝的心情。

1. 说梦话，不要喊醒宝宝

宝宝说梦话主要是由于宝宝大脑神经的发育还不健全引起的。因此，父母不必担心也无须叫醒宝宝，随着时间的推移，宝宝说梦话的现象就会慢慢消失。

在宝宝入睡前父母不要让宝宝做剧烈活动，不让宝宝看打斗和恐怖电视。如果宝宝白天玩得太兴奋，可以让宝宝在睡觉前做放松练习，使自己平静下来。

如果有时宝宝讲梦话是因为他精神紧张或焦虑，父母应注意听他说梦话的内容，如果你能听懂，第二天就尽量装作什么也不知道的样子，引导宝宝谈出心事，帮助他解决问题。

2. 做噩梦时，安抚宝宝

宝宝如果睡觉做梦时哭出来，妈妈一定不要置之不理。要知道，此时的宝宝正处于无助状态，需要妈妈的支持。

妈妈可以抱住宝宝，对宝宝说："哦，做梦了，没事的，没事的，妈妈在陪伴你！"一边说，一边抚摸宝宝的身体，直到宝宝安静下来为止。因为此时的宝宝还不能很清楚地分清现实和梦境之间的区别，不会把思维停留在这里，此时的宝宝睡意蒙眬，只需给宝宝安慰就好了。

妈妈可以找出宝宝最钟爱的玩具，放到宝宝身边，对宝宝说："玩具熊来陪伴宝宝了，宝宝什么都不要怕啊！"

3. 最好睡前先安抚一下

为了让宝宝有个良好的睡眠，睡前做好睡觉的准备很重要。妈妈可以从心理上安抚宝宝，睡前给宝宝洗个澡，讲一些睡前故事、听一听舒缓的歌曲、和宝宝一起说说话、一家人躺在床上读读书等。当宝宝轻松愉快地进入睡眠后，睡眠质量就会比较高。

如果白天宝宝有过剧烈的情绪波动，妈妈要在宝宝心情平静的时候跟宝宝好好聊聊那件事，让宝宝释然后想办法让宝宝快乐起来。这样，负面的情绪就不会积留在宝宝脑海中，并在睡梦中发泄。

宝宝尿床

宝宝尿床后，会觉得很难为情。这个时候，很多妈妈一边数落着宝宝，一边把被子晾到阳台上，却丝毫没有注意到宝宝难为情的样子，宝宝尿床，是做了错事吗？

可能是吓的

婴幼儿尿床，一般情况下，并不是什么大事，也不是什么病症。婴幼儿时期，由于智力未发育完全，排尿的正常习惯尚未养成，所以会出现偶尔尿床的情况。

2 岁以后，如果宝宝一个星期尿床超过 3 次，就说明没有养成良好的排尿习惯，可以适当进行行为治疗。但是，如果宝宝 5 岁以后还尿床，且这种行为每周多达 2 次以上，才能算作“遗尿”病症，这种情况必须去医院进行治疗。

宝宝尿床原因很多，但因病引起的遗尿只占很小的比例。绝大多数宝宝的尿床与精神因素、卫生习惯、环境因素等有关。随着宝宝年龄的增大，神经功能、膀胱括约肌等身体机能逐渐发育，加之父母的良好引导，尿床会慢慢改善。

宝宝能否自主大小便，与妈妈的养育方式、日常训练有关。从小没有把过尿，一直带着纸尿裤的宝宝，到了 1 岁以后，有便意的时候，他会向妈妈寻求帮助。这个时候，住楼房的家庭可以把宝宝带到马桶上，然后扶住宝宝，让他大小便。住平房的家庭，公厕比较远的话，可以给宝宝准备一个专门用来大小便的小塑料桶，宝宝有了便意，妈妈就带宝宝去家里较隐蔽的地方，坐在小塑料桶上方便。

如果宝宝一尿床妈妈就斥责宝宝，甚至在睡觉前吓唬宝宝：“晚上敢尿床，我就把你扔出去!”那么，宝宝精神紧张，越害怕尿床，越是尿床。

为什么这么说呢？因为小便是受中枢神经系统控制的条件反射，一旦尿床受到了严厉斥责，宝宝就会有意识地憋尿。现代医学研究指出，人能抑制尿的排放，是在脑神经支配下，靠膀胱内括约肌逼尿肌的协调作用形成的结果，在幼儿憋尿意念的作用下，会形成人为的尿潴留。憋尿后，尿在膀胱内停留时间过长，尿中有毒物质被肾小管重新吸收，会加重肾脏的负担。

如果经常憋尿，小便次数减少，清除作用就会减弱，就会造成细菌肆意生长繁殖，女孩还容易引起括约肌系统感染，时间过长，末梢神经就会因过分紧张而出现麻痹，使人失去排尿感。久而久之，会产生膀胱颈梗阻，出现排尿困难、漏尿、尿失禁等症状。

所以，当宝宝的神经系统和膀胱内肌肉还没有很好地发育起来的时候，妈妈不要拿宝宝尿床的事情当回事，而给予过多的斥责，让宝宝觉得自己做错了事情。妈妈要想到，宝宝尿床是“身不由己”的事情。

日常生活中，妈妈要积极引导宝宝养成良好的排尿习惯。除了定时、定点提醒宝宝排便外，活动、出行、游戏前也要提示宝宝先排便，以防到时排便不方便造成憋尿。

2 岁以后，宝宝就已经有了控制大小便的能力，这种能力在白天的时候表现得比较强，晚上则会相对弱一些，所以宝宝会出现尿床的现象。一般来说，宝宝尿床是由于机能原因引起的，在排除疾病原因以后，如果次数不多就无须特别理会，等宝宝大一些，随着神经系统发育的不断完善，宝宝的膀胱对排尿的控制会自然形成。

◘ 妈妈巧面对

尿床的情况多发生在夜间睡觉时和玩得高兴的时候，如果妈妈足够细心，平时注意观察宝宝的情况，是可以避免的。

睡前不要让宝宝喝太多水，也不要让宝宝吃太多水果，有睡前喝奶习惯的宝宝，也尽量少喝；睡觉前，督促宝宝去小便，不要憋尿睡觉。晚餐吃得清淡点儿，不要咸了，以免宝宝口渴起夜喝水，少吃高蛋白和汤粥之类的食物。

如果宝宝出去玩累了，或者吃了较多的水果、喝了过量的水，妈妈可以给宝宝带上纸尿裤。这样，就会减少尿床行为对宝宝的刺激。

掌握宝宝夜间排尿的规律一般是多长时间一次，在感觉宝宝有尿意的时候，轻轻叫醒宝宝去排尿，不过次数不能太多。现代医学证明，健康人之所以在长时间睡眠情况下不会尿床，一个重要的原因是人在睡眠时会产生大量的血管升压素，对泌尿器官制造尿液的多少起控制、调节作用。所以，一个晚上叫醒 1~2 次即可，否则会打乱睡眠规律，导致熟睡时才分泌的具有调节、控制尿液的血管升压素分泌紊乱，不能随着年龄的增长而增加分泌，那么到了 5 岁以后，宝宝还会尿床。

另外，夜间频繁喊醒宝宝，不仅影响宝宝睡眠，让宝宝产生恐惧和抗拒心理，假装醒不过来，妈妈也会因为睡眠不足而感到劳累、心情不好，对宝宝表现出不耐烦的情绪，影响宝宝信任感的建立，不利于宝宝人格发展。

当宝宝有了尿意，能够自主醒来的时候，一般是到了憋不住的时候。这个时候需要妈妈快速给宝宝脱掉衣服，所以，晚上睡觉的时候，宝宝只需穿个兜肚，小内裤可以不穿。

为了不影响宝宝睡觉，妈妈可以在床垫子上铺一层塑料布，然后再铺上床单，这样，就不会渗透到床垫子上。妈妈察觉后，只要把床单和塑料布拿走，铺上新的宝宝就能睡觉了。妈妈换床单的时候，最好轻手轻脚，这样就不会影响宝宝睡觉。妈妈千万不要因为怕弄醒宝宝而不换尿布，这样不仅对宝宝的身体不好，反而强化了宝宝的尿床行为。

虽然宝宝尿床是正常现象，但是尿床会对宝宝造成一定的心理影响，让宝宝感到害羞、难为情。宝宝尿床后，会很小心地留意家人的反应，如果妈妈大惊小怪，会让他觉得自卑，如果妈妈跟往常一样平静地照顾宝宝起床、穿衣服，不责怪宝宝，宝宝就不会神经紧张。如果妈妈像往常一样温柔地亲吻宝宝，就能够激起宝宝内心的正向驱力，他会暗示自己不尿床。

宝宝不运动

生命在于运动，妈妈们都懂得这个道理，但是却不知道运动对于宝宝有什么重要意义，更不清楚怎么带宝宝运动，致使很多宝宝没有养成运动的习惯。

其实，运动对宝宝成长的价值，远远超过人们所了解到的。

运动促进成长

对于出生几个月的小宝宝来讲，运动是大脑成熟的“催化剂”，是宝宝“智慧之舟”的领航员，也是宝宝健康快乐的源泉。

1. 运动能促进大脑发育

宝宝在运动的时候，能够促进血液循环和呼吸，使脑细胞获得更多的氧气和营养物质，能使大脑的神经元伸出神经纤维、长出突触，互相联系，制造出新的联络路径，使得脑内信息传递的路径增加，促进大脑的发育。在这个过程中，宝宝运动的准确性、灵活性和平衡性不断提高。

2. 运动有利于增强体质

运动不仅能锻炼宝宝的体质与体能，而且对宝宝生长发育十分重要，可以增进孩子食欲，保证睡眠质量，又能够促进血液循环，加速新陈代谢，使骨骼组织供血增加，使骨骼生长发育旺盛。运动还能促进生长激素的分泌，运动后半小时，生长激素的分泌达到最高峰。特别是运动过后再进入睡眠，生长激素分泌就会呈脉冲式分泌，这些都可促进宝宝生长。所以，当宝宝摸爬滚打、到处蹦跶、在家里跑来跑去的时候，妈妈要明白那是强身健体的好途径，一定不要阻止宝宝。

3. 运动有利于培养良好个性

运动有利于良好个性的培养。无论是摸爬滚打，还是走跑跳攀，都有一定的危险性。胆小的宝宝不敢玩，敢玩的宝宝除了胆大，还有很重要的一个特点，就是自信。他们相信自己能做到，才会去做，坚持做好、做完的过程也锻炼了毅力、自我控制能力。

另外，那些能够相互协作玩耍的运动项目，如玩沙、拍皮球等，还能促进宝宝与他人合作能力的提高，使得宝宝的社会性发展不会因为城市化相对封闭的生活受阻碍。

◘ 抓住关键期，培养宝宝运动兴趣

3 岁前是宝宝学会基本动作技能的敏感期，一般 8 个月会爬，1 岁学会直立行走，1 岁半左右开始学跑，2 岁左右学跳、上下楼梯。妈妈要不失时机地充分利用这个敏感期，培养宝宝锻炼身体的兴趣与习惯。

1. 抓好由自发性到自主性的过渡期

宝宝大肌肉运动发展有一个由自发性到自主性的过程。自发性是孩子身体发育到一定程度对运动的自然需要。一两岁的宝宝处于动作发展迅速增长时期，受这种生命成长内在动力的驱使，宝宝总想自己多运动、多动手，这样才能满足机体生长的需要。妈妈要根据宝宝的生理特点，带领宝宝做相应的运动。

宝宝过了动作发展迅速增长期以后，他就开始变得“懒惰”起来，不愿意动，喜欢窝在沙发上玩小玩具或者看电视，这就预示着宝宝运动锻炼的发展将要进入自主性。

要想宝宝养成自主运动的习惯，促进宝宝形态结构和生理机能协调发展，需要妈妈尽心培养。不要觉得宝宝有生理基础就够了，还要培养宝宝的心理基础，比如培养宝宝对运动锻炼的积极情绪、兴趣与好奇，以及运动锻炼给他们带来的成就感、同伴关系及社会性满足，使运动真正成为宝宝的运动和兴趣。

2. 增强运动的游戏性和趣味性

3 岁前的宝宝，处于自发运动的时期，如果妈妈在运动中增加一些游戏性和趣味性，就能增加宝宝对运动的兴趣。

涟涟不到1岁，刚刚有迈步的趋势时，妈妈就牵着宝宝的手走。

妈妈面对宝宝，牵着宝宝的手，慢慢向后退着走，宝宝则向前走，一段距离后，妈妈停下，宝宝就高兴地扑到妈妈怀里要亲亲。

涟涟能坐能站稳的时候，妈妈就经常和她一起玩扔球的游戏。妈妈和涟涟比赛，谁扔得远，“金杯”就属于谁。为了得金杯，每次涟涟都用力扔。而妈妈装作扔不动的样子，总是让涟涟赢。涟涟兴奋极了，总是玩了一次又一次。

1岁半左右的时候，涟涟能自由行走了，有了跑步的趋势。妈妈就和涟涟站成一排，一只手牵着她的手，向着一个方向慢步跑，刚开始她跑不稳，双脚交叉到一起好像要摔倒，这个时候妈妈就稍稍用力，帮助她掌握一下平衡，涟涟从学跑到能跑步，几乎没摔过跟头。

到2岁时，涟涟可以连续平衡地跑5~6米了。这个时候，妈妈就放手，让涟涟自由自在地向前跑，去给妈妈拿东西、开门等。涟涟不想跑的时候，妈妈就扮演成狡猾的狐狸，让涟涟做小绵羊，妈妈装作要吃小羊的样子，让小羊在前面跑，妈妈在后面追。

为了锻炼涟涟的平衡力，有的时候，妈妈还和涟涟一起玩“一二三，跑、停”的游戏。每次涟涟都高兴得哈哈大笑，一有时间，就跟妈妈说：“去玩啊！玩跑步！”

妈妈除了在各个运动能力发展的敏感期积极引导宝宝，还利用生活中的小事情，锻炼宝宝的小肌肉精细动作。比如，东西掉了，让宝宝捡一下；妈妈渴了，让宝宝接点儿水；妈妈要用某个工具，让宝宝拿一下；等等。

3. 鼓励宝宝做运动

小区里的运动区是培养宝宝运动兴趣的好去处，当宝宝对某个器械玩得比较熟练的时候，妈妈就要夸奖宝宝几句：“看我家宝宝多有力气，晃动得好快啊！”当宝宝对哪个器械感到害怕的时候，妈妈不妨鼓励一下宝宝：“我家宝宝很勇敢，这个都能玩了！”

比如，宝宝拍皮球的时候，上次拍了3下，妈妈就可以鼓励一下宝宝：“上次拍了3下，这次一定要比上次多啊！”当宝宝超过3下的时候，妈妈一定要奖励宝宝。

全家人一起玩，宝宝兴致会更高。晚饭后，妈妈主动把爸爸、宝宝带出家门，一起去踢球，是再好不过的全家共享运动亲子乐趣的时光。宝宝在 1 岁半左右就可以学着踢球了，刚踢的时候，妈妈可以扶住宝宝一下，等宝宝掌握住了身体平衡，就可以设立规则了。

4. 运动量要适当

运动虽好，过量造成宝宝肌体劳累，也不好。妈妈要根据宝宝的年龄和身体素质情况，选择合适的运动量。开始运动的时候，可以运动量小一些，慢慢把握孩子的体能特点，逐渐延长。

1~2 岁的宝宝：练习跑跳、拍球、双腿跳。

2~3 岁的宝宝：蹦床、单腿跳。

幼儿期：宜以调整运动能力的项目为主，如过独木桥、舞蹈、结合游戏所进行的跑跳等。

幼儿运动以身体练习为主，诸如爬、跑、跳、投、压、郊游、拍球、跳绳、骑车、游泳、体操等项目。

妈妈最好要由少到多、由简入繁、由易到难地逐步增加宝宝的锻炼项目，多种项目结合宝宝更能获得全面锻炼。

第八章

解开妈妈眼里的成长难题

宝宝不长个儿

3 岁的玲玲自从妈妈生病后就变得沉默寡言，还常常发呆。妈妈病了将近 1 年，身体恢复后，妈妈发现，玲玲比同龄孩子要矮一大截，妈妈带女儿去医院，但没有查出生理问题。

妈妈有点儿不知所措了。其实，这种情况与玲玲的心理有关。

预防心理性矮小症

玲玲这种情况，在排除生理上的原因后，基本上就是心理问题了。妈妈生病后，对玲玲的关心少了，全家人一定心情也不好，无意间可能冷落玲玲。这样，势必使得一个备受宠爱的宝宝感到内心孤单。

美国著名的精神病学家霍芬博士指出：孩子长期生活在精神压抑、无人关心或经常挨打受骂、歧视冷漠的家庭环境中，就会导致其体内激素的障碍，引起生长发育障碍而个子矮小。

2 岁的婴儿身高可达到成年人的一半，如果离这个水平相差较多，妈妈可以去医院检查一下宝宝是否营养不全。如果不存在这方面的问题，就要考虑一下是不是心理方面的原因。

有关统计表明，在第二次世界大战中，德国、西班牙、朝鲜、越南等国失去双亲的孤儿，平均身高要比同龄儿童矮几厘米。科学家们为此做过试验，他们将一批受到精神压抑的孩子安置到和睦欢乐的环境中，让他们受到模拟亲人的爱抚和家庭的温暖，3 个月后约有 95%的孩子发育情况很快发生变化，生长停滞现象得以消除，身高得到明显的增长，基本上接近其他同龄儿童身高增长的水平。

当宝宝的身体和年龄相比，显得过于矮小，如果确定是“心理矮小症”，妈妈不要着急。有关专家说：“心理性矮小症是可逆的，当孩子的心理负担卸去，他还能继续正常长个。”如果家长尽心满足孩子需要的关爱，促使宝宝多运动、多交友，宝宝身心快乐了，身体机能也就恢复了。

有调查显示：从少年儿童心理压力来源看，影响最大的前 3 项分别为父母、自尊和对未来的恐惧。在家庭生活中，他们最怕的事情为：父母吵架占 58%，父母离婚占 10%，家里失窃占 8%。

这个针对大孩子的调查，其实也折射出 3 岁以下儿童的一些心理现象，那就是他们渴望有个温暖的家，渴望父母相亲相爱。

既然宝宝缺少了爱抚、精神上有压力、心灵有创伤，都可导致神经—体液—内分泌等功能紊乱，致使生长激素、甲状腺素等有助于长高的激素分泌减少，以致宝宝不能正常生长，所以妈妈在养育宝宝的过程中，决不可以忽略宝宝的精神需求。

◘ 让宝宝健康成长

宝宝顺利长高不光是营养方面的充足供应，还要让宝宝生活得快乐。这样，才能保证宝宝体内各种激素的正常分泌。

1. 给宝宝一个温馨、快乐的成长环境

心理学研究表明，妈妈不耐烦的面部表情能激发宝宝体内皮质醇的分泌，它属于人体激素的一种，这种激素会阻止人体内多巴胺的传输，从而阻止多巴胺这种物质所带来的愉悦感受。所以说，妈妈情绪不好，宝宝也不会快乐。

0~3 岁的宝宝，特别容易受到父母的情绪暗示。因为年龄越小，宝宝对心理暗示的阻抗力也就越小，而父母在宝宝心中的权威性越强，心理暗示的效应就越显著。

妈妈尽可能地做个快乐妈妈，对自己对宝宝来讲都是莫大的福祉。

年轻妈妈让自己快乐最为重要的一点就是凡事看开，别钻牛角尖。婆媳之间、兄弟姐妹之间、夫妻之间、同事之间、朋友之间等，都不要斤斤计较，以一种“让人”的宽容态度相处，就能赢得别人的尊重和爱戴，自己也会因为受益而感到快乐。

2. 给宝宝积极的心理暗示

父母给予宝宝积极的评价多，就会在宝宝的潜意识中形成积极的心理暗示，使他变得乐观、自信、积极进取，能找到生活的动力和激情，敢于竞争。这样的宝宝长大后不容易被挫折击倒，容易成功。

如果妈妈总是以消极的态度对待自己的宝宝，即便在日常交流中也总是否定和批评宝宝，天长日久，就会在宝宝的潜意识中形成一面变形的哈哈镜——不良的自我心理暗示，使宝宝变得没有信心、自卑，看不到未来，使得任何事情他看到的都是消极的一面，从而精神萎靡、缺乏人生的动力和竞争意识。

3. 给宝宝充足的爱

有妈妈陪伴，安全感建立得好的宝宝，一般比较乐观。他对父母、对身边人、对社会环境都有很强的信任感，即使暂时与父母分离、遇到了一点困难，也不会引起强烈的情绪波动，因为他坚信这个世界是美好的，父母是爱自己的，他会耐心等待情况好起来。

4. 带宝宝多活动

健康的生命在于运动。鼓励宝宝多运动，爬、跑、跳、扔球、堆沙、捉小虫、骑车子，都可以；在家里、在草地上、在广场上，都不错。不要担心衣服弄脏了，宝宝摔倒了。

宝宝不愿去幼儿园

菊菊 3 岁了，周围的小朋友都去幼儿园了，妈妈就把菊菊也送去幼儿园了。可是，菊菊三天两头生病。今天肚子疼，明天感冒、发热。看着孩子受罪，妈妈很纠结，女儿老生病，这个幼儿园是不是不去了呢?

这个时期，宝宝免疫力较低

宝宝入园前后，生病的很多，这让很多妈妈很纠结，是要继续送宝宝上学，还是要休息几天？要处理好这个问题，妈妈先要搞清楚宝宝为什么会生病。

宝宝在家里，一般享受着全家人的关心和照顾，从情感上，感觉很温暖，也很安全。到幼儿园后，面对的是陌生的人群，容易精神紧张、焦虑，遇到不顺心的事情、被小伙伴欺负、睡眠不好等，每天都要哭几次，心情不好导致免疫力低，如果再遇到病原体侵袭，就很容易生病了。

再加上幼儿园孩子多，容易交叉感染，所以体质偏弱、适应能力差的宝宝去幼儿园以后，免疫功能下降，容易感冒发热，严重的会转成气管炎、肺炎。

在家里，宝宝在饮食方面一般可口，到了幼儿园，过的是集体生活，不可能照顾到每个孩子的胃口，赶上不可口的饭菜，就吃不下，影响营养成分的摄入。有的宝宝在家饮食没规律、不定时吃饭，到了幼儿园无法适应定点用餐，导致食欲下降。那些不会自己用餐的宝宝就更惨了，绝对是吃不饱的！饮食上的变化，导致宝宝饮食不佳、喝水少、大便干结，造成机体脏腑功能失调，容易发生一些肠胃疾病。

总之，宝宝入园，仿佛从一个被娇生惯养的“温室”进入条件相对较差的“室外”，要经历一个身体抗寒、抗疲劳能力、抗病能力的锻炼，他的身体机能才能从“较差”状态过渡到“较强”状态，很好地适应集体生活。

有的妈妈觉得自家宝宝身体非常健康，不会生病。事实并非如此，即使宝宝身体发育正常，也并不意味着他的机体对各种病原体都有抗病力。宝宝接触的小朋友多了，环境复杂了，接触各种病原体的机会也就多了，患病的次数就会相应增多。但是宝宝的身体对各种接触到的病原体也会产生抗体，所以他的抗病能力也会逐渐增强。

所以说，宝宝入园生病，不是什么大事，妈妈要想到宝宝从一个在父母照顾下的娇宝宝，过渡到在幼儿园过集体生活的孩子有一段磨合期。磨合期的长短，除了看宝宝自身的适应性外，妈妈的支持也很重要。

◘ 宝宝入园后，妈妈的功课

那么，妈妈怎么做，才能减轻入园给宝宝带来的生理上的、心理上的压力呢？第一重要的就是，3 岁前尽量不要送宝宝去幼儿园。

澳大利亚儿童教育专家、著名的临床医学家史蒂夫·比杜尔夫就提出警告说，把年龄不足 3 岁的孩子交给幼儿园会增加损害他正常心理发育的危险。比杜尔夫具有 20 年的儿童教育经验，他曾提倡早期教育，可是他后来发现，父母才是培养孩子的最好老师，托儿所和幼儿园只不过是在做“二流”工作。

虽然幼儿园试图满足非常小的孩子的需求，但由于孩子太多，老师根本照顾不过来。而条件差的幼儿园就更无法照顾到孩子了，遭到忽视的孩子往往有一种恐惧感、孤独感，如同失去母爱般凄凉。

比杜尔夫坚定地指出，那些很早就脱离父母到托儿所的孩子更容易发展攻击性性格、反社会行为以及其他的心理问题，这样的孩子在日后会遭遇人际关系问题，不容易与人建立密切的关系。

里奇和两位牛津大学的教授对 1200 名孩子进行了跟踪研究，结果发现，从小被放在托儿所里的孩子在青少年时期更富有攻击性。另有两项研究也发现同样的结果，那就是在托儿所的时间越长，越容易发展反社会行为和暴力行为。

儿童专家指出，过早上托儿所会严重影响幼儿的大脑发育、情感发展、社会行为、认知能力培养，另外他的身体发育也迟缓，神经萎缩，脑发育异常，这些都与没能得到一对一家庭关怀有关，所以专家建议让幼小的孩子在温暖安全的家庭环境中成长，而不是过早地将他送到托儿所。

即使宝宝到了 3 岁，妈妈也要从各个方面做好安抚工作，让宝宝这段入园过渡期过得轻松一些。

1. 做好入园准备工作

宝宝对熟悉的环境排斥性会比较小，所以，入园前的一段时间，妈妈最好经常带宝宝去幼儿园看看，带宝宝认识一下老师、熟悉一下新环境，然后再给宝宝讲讲入园后将会过怎样一种生活。妈妈可以借助童话作品、大班宝宝的案例等，讲得越形象生动，宝宝的心理准备越充足。

宝宝入园后，妈妈最好将宝宝特殊的生活习性与老师进行沟通。这样，宝宝感受到老师和妈妈一样对自己好的时候，就会增加一些亲切感，减轻陌生感。

2. 第一个接宝宝回家

妈妈送宝宝入园，宝宝哭闹的时候，妈妈不要流露出厌烦情绪，可以对宝宝说："妈妈第一个接你回家，妈妈很爱宝宝！"千万不能因工作忙晚接孩子，只剩宝宝一人在幼儿园，会增强宝宝的恐惧感，使得他第二天入园的时候更加哭闹。

3. 患病后及时休整

妈妈不要因为看到宝宝哭闹，就允许宝宝在家待几天，如果"三天打鱼，两天晒网"，就很难度过入园开始的困难和磨合期。妈妈要坚信，宝宝很快就能喜欢上幼儿园的，到那时，不去幼儿园都不成。

但是，如果宝宝患病的话，就要及时休整。一是要积极给宝宝治疗，二是要让宝宝在患病时得到很好的休息，避免疾病加重。一般情况下，宝宝生病在家里待几天后，就不愿意去幼儿园了。最常用的伎俩就是装病，今天肚子疼、明天头疼的，妈妈一定不要被宝宝蒙骗。

如果宝宝的确是免疫力差，妈妈要带宝宝多锻炼身体，多与外界接触，以增强宝宝的免疫力，减少疾病的发生。

4. 做饮食补给

有的妈妈怕宝宝在园里吃不好，回到家就给宝宝加餐，这样倒不利于宝宝消化。妈妈在饮食方面应该多准备一些易消化、有营养的饭菜，多吃水果蔬菜，注意补充水分、维生素和纤维素，最重要的是多给宝宝喝水，防止上火。

宝宝怕就医

很多宝宝生病了，一提去医院就吓得往妈妈怀里钻，嘴里还不停地求妈妈：“宝宝没有生病，宝宝不去医院，宝宝不打针，给狗狗打针，是不?”除非妈妈点头，要不宝宝会长久处于紧张状态。

有的家庭，宝宝生病后，要全家出动去医院，不然的话，就搞不定宝宝，很难顺利完成医治过程。那么，宝宝缘何那么怕打针呢？小小的宝宝，缘何在打针的时候，有那么大的力气去抗拒呢？

宝宝都怕疼

有的大人怕打针，一提打针就浑身哆嗦，极度排斥，这大多与其幼时产生的就医恐惧有关，要想改变这种状况，就必须找到幼时恐惧行为的根源，才有改变的可能。小孩子都有生病的可能，为了不让宝宝留下特别深刻的恐惧阴影，家长需要了解宝宝就医时候的心理状态。

宝宝为什么这么怕去医院呢？可以说这正是正常宝宝一个很本能的反应。很简单的一个理由就是，去了医院，宝宝接触到的是一个严肃而陌生的环境，看到的是一张张陌生的面孔，医生、护士穿着白大褂、戴着口罩，很严肃地走来走去，还要听到很多小孩的哭声，这些已经令小宝宝心里恐惧了。

进入检查环节后，宝宝要面对很多奇形怪状的检查器械，检查完了，吃药、打针，哪一样都不是宝宝喜欢的舒适、甜蜜的感觉。宝宝认知程度很低，控制力差，即使隐隐明白来医院是为了治病，也难以控制住因为害怕而哭泣、挣扎的反应。

一些80后妈妈，胆子小，她自己本身就很害怕打针，看到医务人员举起长长的针管，宝宝没害怕，她先吓哭了，宝宝的情绪是受妈妈影响的，一定会随着妈妈哭泣起来。即便有的妈妈没有哭泣，但是身体紧张、浑身发抖，这种无意识的紧张情绪，通过身体接触也传递给了宝宝，宝宝就会心里紧张。

当来自各个方面的负面情绪一起涌向宝宝的时候，宝宝心理压力过大，超过了他所能承受的心理底限，宝宝不会倾诉、不懂排解压力，就会通过哭闹来释放。所以，当宝宝哭泣的时候，妈妈千万不要觉得孩子胆小、丢人、不听话，而要抱着宝宝，任其发泄掉心中的恐惧。宝宝需要释放，但他还不会像成人那样运用各种解压的手段，只能通过本能方式——哭闹、折腾来消除压力了。

◘ 想一些特殊的方法

生病了就要就医。既然生病是生活中的平常事，那么，宝宝要平静对待就医、吃药、打针之类的事情才好啊！对待一件事情的态度，取决于幼小的时候的认知，所以，妈妈要帮助宝宝建立一种平静地面对打针的习惯。

1. 生病，就要就医

沟通是帮助宝宝认识一件事情的主要方式，沟通的时候，妈妈不要把打针、吃药、输液等事情夸大或者缩小，而是要实事求是地对宝宝讲，这样，宝宝就能相信妈妈。

为什么打针，一定要让宝宝知道。在去医院的路上，妈妈可以搂抱着宝宝说："宝宝生病了，头痛、流鼻涕，是不是？""妈妈知道，宝宝生病了很难受，想玩好玩的玩具，没有力气，不过不要紧，打过针后，病就会好了。""医生阿姨、叔叔都很爱宝宝，他们治疗的时候很小心，只有一点点疼，如果不哭不闹，就忍过去了。"

这样，宝宝就有了心理准备，到了医院，接受各种检查、治疗，就不会太恐惧。有的妈妈为了让宝宝顺从，故意把治疗行为描述得很简单，这样的安抚效果并不好，不如实事求是地对宝宝说："打针会疼一点，不过，你能忍受！妈妈抱着你，你会舒服很多的！"这么说，宝宝就会有信心去战胜打针带来的恐惧，感受到妈妈的支持，也不会因此而反感父母、医生。

打完针或者完成了某个检查、测量或者治疗的过程后，妈妈最好夸奖一下宝宝：“哦，我家宝宝真勇敢！连医生都夸我家宝宝懂事，不哭不闹！”父母强诱导性的、正面的语气，积极的期望能够激发宝宝自我控制的能力，让自己的做法符合大人的期望。

2. 带宝宝熟悉医院环境

平时，妈妈可以利用带宝宝去打预防针的机会，带宝宝在医院里到处走走，看看花坛里的花草、读读橱窗里的图片、和来就医的小朋友玩玩等，以此缓解宝宝的情绪。

尽可能固定地去某一位医生那里就诊，这样彼此会有很多话题交流，亲近感会消除宝宝的恐惧。

打针的时候，妈妈可以有意识地转移宝宝的注意力。比如，脱下裤子后，妈妈可以说：“看，那里有只小猫咪。”“哦，这个房间的灯可真漂亮。”宝宝的注意力被转移后，就忽略了疼痛感，等回过神来，已经打完了。

3. 做一些“脱敏”游戏

俗话说，见得多了，就习惯了。妈妈平时可以和宝宝玩一些“打针”“吃药”“拍片”等与就医有关的游戏。

打针的时候，妈妈可以对着宝宝最喜欢的玩具打，然后说：“你看，小熊打针的时候都不哭，宝宝以后也不能哭！这样才是勇敢的宝宝啊！”

妈妈也可以当病人，让宝宝当医生，开始打针了，妈妈对宝宝说：“宝宝要像医生阿姨那么轻轻的啊！”针头和妈妈接触的一刹那，宝宝获得了一种心理上的“脱敏”，会觉得打针不疼。

宝宝怕小动物

小明 16 个月了，平时活泼好动，但唯独看到小动物很是害怕。猫猫狗狗暂且不说，即便一只茸毛小鸡也不敢用手去触摸。一到公园，面对肉肉的白鸽、散养的小羊等更是躲得远远的，这让妈妈担心不已，看到别人家的孩子对小动物都喜爱有加，自己的宝宝为什么总是畏畏缩缩的样子？该如何消除宝宝的恐惧心理呢？

恐惧小动物的理由

恐惧、害怕，从心理学的角度来讲，是一种有机体企图摆脱、逃避某种情景而又无能为力的情绪体验。一个大人如果对某种小动物表现出很大的恐惧，不敢看、不敢摸，有的甚至导致身体上的不适，口渴、发抖、休克等，那么这份恐惧很大程度上来源于幼时一次恐怖的经历，或者幼小的时候没有及时改变害怕的心理。

幼时没有及时纠正，长大后就需要专业心理医师的介入了，催眠疗法、强迫疗法、情境治疗等都是治疗恐惧的好方法。但是有的人即使进行专业治疗，也不一定有效果，反而成为某个心灵死角。

为了让宝宝有个健康、敞亮的心理，妈妈要搞清楚宝宝何以会有恐惧心理、为什么会害怕小动物。

当然，宝宝只是表现出一般的害怕，并不说明什么。如果一见到某种动物就非常紧张、苦恼、逃离，那么妈妈就要观察一下宝宝何以如此害怕。

对于小宝宝，妈妈是非常关心他的安危的。妈妈为了不让小宝宝被猫挠了、被狗咬了、被虫子啃了，就会告诉宝宝："咬人！宝宝躲远点儿！"这样说没有错，但是在宝宝没有认识到这是怎样一种动物的情况下，有可能阻碍宝宝对这种动物的探索兴趣，今后更无从知道这种动物会在哪种情况下伤害自己，在哪种情况下不会伤害自己，思维意识只停留在这种动物很可怕上。所以，妈妈不要在宝宝没有建立起对小动物的认识之前，动不动就对宝宝提出这样的警告。

宝宝亲眼见到别人被小动物伤害的画面、电视上播放的画面、别人描述的画面等，对宝宝来讲都是一种不良暗示。

为了防止宝宝被外界资讯左右，妈妈需要带宝宝与小动物接触。妈妈可以在主人的陪同下，和宝宝一起喂喂小狗，摸摸小狗，然后告诉宝宝："小狗狗很友善，轻轻地抚摸，小狗狗会很舒服！如果弄痛小狗狗，它可能就要咬人了！"当狗狗不愿意被人摸的时候，妈妈就说："宝宝不摸了，小狗狗不愿意了！"然后带宝宝离开。

在宝宝面前多讲述一些小狗狗看家护院、保护主人、顽皮可爱的故事，这样有利于宝宝对狗狗有个良好的印象。

◘ 培养宝宝和小动物的感情

宝宝是否喜欢小动物，关系着宝宝未来性格的发展。那些喜欢小动物、愿意养小动物的宝宝，会更有爱心，在人际交往中更愿意付出、更勤快等。

6 岁以前的儿童，把一切事物都看成是有生命的个体。所以，他会把小动物当成有思想、能活动的小伙伴，寂寞了、不开心了、受委屈了的时候，会对着小动物诉说。这个过程，有利于宝宝的思维发展。所以，妈妈要注意培养宝宝对小动物的感情。

宝宝小的时候，很自然地要躲避小动物。这个时候，妈妈可以对宝宝说："小动物很可爱的，宝宝不怕啊！"当宝宝玩耍的时候，妈妈可以故意把小动物放在离宝宝近点儿的地方，或者抱着小动物玩耍。也许宝宝并不在意妈妈的行为，时间长了，次数多了，宝宝害怕的情绪就会减弱以致消退。妈妈就能发现，宝宝从能接受小动物在他身边，发展到和小动物玩耍了。

很多妈妈不喜欢小动物，是觉得小动物身上有病菌，不利于宝宝的健康。其

抗议。

如果家长没能及时地矫正自己的做法，时间一长，宝宝就养成了娇气、任性的毛病。疾病虽然痊愈了，但是不良习气却产生了。这些情况如果矫正及时，都很容易改正，一般都不会出现心理问题。

但是如果生病的痛苦在宝宝心中驱之不散，令宝宝总是心有余悸，甚至透支了宝宝的安全感，宝宝夜间怕黑、对妈妈过分依恋，常常要搂着妈妈的脖子，那么妈妈就要注意检讨一下自己的某些做法是否给了宝宝错误的认识。例如，妈妈是不是在宝宝生病的时候表现得过于痛苦、是不是说出了什么令孩子害怕的担心话，宝宝是否在医院看到了可怕的画面、治疗过程太痛苦等。总之，妈妈要搞清楚导致宝宝长久恐惧的原因，然后再慢慢疏导。

宝宝对妈妈面部表情的会意能力是天生的，宝宝通过妈妈的表情、言行觉察出恐惧，就会觉得自己是不安全的，加之身体的痛苦困扰着他，这种恐惧的心理会更加严重。

所以，要想宝宝生病过后不留下精神上的后遗症，年轻的妈妈一定要增加自己的定力，要明白宝宝生病是一件很普通的事情，因为疾病对于人的一生来说，随时都可能发生。从整个身体机能来看，生病同时是对机体免疫系统的一种考验，能检验并增强身体的免疫能力，从某种程度来说，生病不是什么“坏事”。

如果妈妈把生病当成对宝宝的一次挫折训练，那么心情就会放松很多。生病期间可以告诉宝宝：生病就是需要去医院治疗，而治疗可能就意味着打针、吃药；打针、吃药的时候，不怎么疼，忍一忍就过去了；勇敢的宝宝都不大声哭泣！

如果宝宝生的只是一些小病，家长就没有必要日夜陪护，看过医生，给予科学治疗就好了。对于宝宝不合理的要求，即使是在生病的过程中，该拒绝的也还是要拒绝。

生病期间，如果宝宝表现镇定，勇敢地配合治疗，妈妈应及时给予表扬。在表扬的时候，不妨强化一下生病不可怕的感受。比如，对孩子说：“打针没想象的那么疼，是不?”

宝宝生病，妈妈放松心情，不过于娇惯宝宝，这样宝宝才不会在病好了以后还表现出娇气和任性。

◘ 愈后，不要百依百顺

对于一些疾病后变得蛮横、爱哭闹的孩子，妈妈最好的办法就是不要顺从孩子。比如，宝宝在病中妈妈每天都给他买昂贵的水果吃，像山竹、榴莲、樱桃，宝宝病好后，仍然哭着喊着要吃。面对这样的情况，妈妈先不要理睬他，使他知道大吵大闹是不能解决问题的，当他平静下来后，再告诉他生病的时候，宝宝多吃些好吃的，能把疾病赶跑，所以妈妈天天给宝宝买好吃的，病愈后，就不能买那么多好吃的了。

这个时候，即便宝宝大哭大叫，妈妈都不能屈服。一旦妈妈屈服了，宝宝就会把眼泪当成对付父母的武器。为了引起父母的关注，为了得到自己想要的东西，他就会以哭喊的方式威胁妈妈。

当宝宝企图以大哭的方式逼迫妈妈答应他的时候，妈妈一定要硬起心肠，不能妥协。常见的方式，有以下两种。

1. 不予理睬

妈妈告诉宝宝："你哭，妈妈也不给你买。""你哭，妈妈也不会抱你。"然后，妈妈就去干自己的事情。其间，不要劝阻宝宝，也不要关注宝宝。宝宝发现哭泣也改变不了妈妈，几次后，也就放弃使用哭泣这种方式和妈妈战斗了。

2. 转变宝宝的注意力

在使用转移注意力的方式前，也要先明确告诉宝宝，即使哭泣，妈妈也不会给他买。当宝宝哭了一阵子，妈妈可以问宝宝："你是在这里哭泣，还是跟妈妈出去玩?"宝宝跟妈妈出去后，新的兴奋点会引起宝宝的好奇和探索，他就会淡忘当初的欲望。

宝宝摸生殖器

有两位妈妈在为宝宝摸生殖器发愁。

强强 10 个半月，最近总是用手摸生殖器，妈妈把他的手拿开，他又摸，妈妈管得紧了他就大喊大叫。

青青是一个 2 岁的小女孩，最近妈妈发现青青常常对着桌子角、沙发腿等蹭阴部。有的时候累得满头大汗还不停下来。

宝宝出现这种情况，妈妈该怎么引导呢？

摸摸很正常

养育宝宝的过程，会遇到很多难题，妈妈只有从宝宝的心理发展出发，才能解开心中的疑惑，找到最好的养育方式。所以，妈妈先要认同宝宝摸生殖器这种行为，因为性本身就是生活的一部分，它植根在每个人的生命里。

“刚刚出生的小婴儿就已经有性快感了”，弗洛伊德 1905 年提出了这一论点。婴儿的性快感并不仅仅局限于生殖器官，皮肤的温柔接触、小嘴的频繁吸吮等都有可能带给他身体与心理的愉悦。

但愿所有父母在初次看到孩子抚弄他的身体时，都能说：“噢，你已经体验到了那是种多么美好的感觉了，真棒啊！”这种反应对孩子日后的性反应，具有正常、自然而积极的鼓励作用。

心理学家罗耶说过：“在唤醒婴儿的感官愉悦的过程中，父母扮演着第一个重要角色。通过他们对婴儿的日常照料——喂奶、换尿布、亲抚，婴儿发现了皮肤的接触、音乐般的嗓音、甜腻的奶香、妈妈温柔的目光给他带来的快感。”

正是父母的爱与照料，帮助婴儿打开了性感觉的大门。这种感觉将为婴儿成年后性的发展打下基础，学会爱与被爱。

1岁以前，婴儿会慢慢发现吸吮的快感，任何东西都可以用嘴嘬、用嘴咬，以获得愉快的刺激。所以，这个时期的宝宝摸生殖器只是觉得是一种不错的感觉，跟性关系不大。宝宝通过妈妈的态度得到自我认同，日后就能发展出正确的性反应。宝宝会在几个月大时就开始探索自己的身体，探索身体的各个部位，当然包括生殖器。这种探索不仅正常，更是成长和人格形成中的重要一环。

妈妈不要怒斥宝宝：“不许动！这东西脏！”“羞死人，不要脸。”也不要强制拉开，更不要打孩子，否则的话，就会在宝宝的心中形成一种错误的认识，那就是生殖器是脏的、见不得人的、摸不得的，所以凡是与生殖器有关的活动都是要抑制的，否则会受到惩罚。这种有害的“性心理”一旦形成，并不断强化，就会产生性抑制，长大以后，会形成一种严重的性功能障碍。

1~3岁，孩子的愉快感觉集中在肛门附近。孩子的抚摸行为还属于对身体的探索行为，不包含性。

孩子3~4岁进入主题：直接对自己的性器官感兴趣。他会毫不犹豫地触摸，在满足好奇心的同时体验快感。这个年龄段的儿童是用休闲的方式玩生殖器。在入睡之前，在洗澡的时候，在看电视的时候，他通过这种方式让自己放松，就好像在轻轻摇动的摇篮中一样。

这个时候，妈妈不要斥责宝宝，在平静地肯定宝宝的行为后，明确地告诉他：“不应该当着众人的面显示出或者玩自己的小鸡鸡，这是非常私密的事情，不应该打扰别人，别人也不想看你的小鸡鸡。”

只有妈妈不惊讶、不恐惧，孩子才不会认为自己的行为是错误的、羞耻的。才不会在心中留下痕迹：“这个地方不能碰。”

◘ 想办法转移宝宝的注意力

一个身心健康、活泼可爱的宝宝是不会沉迷于抚摸生殖器的快感中的！妈妈一定要明白，这只是宝宝成长过程中必须经历的一个阶段，是宝宝对身体的好奇，就像好奇脚丫子一样！不要跟青春期的“手淫”等行为混为一谈。妈妈有了正确认识，才能处理好这个问题。如果已经出现了经常性的抚摸，为了防止形成习惯性动作，妈妈要想办法淡化宝宝的意识。

1. 不要逗弄

宝宝身体光着的时候，有的家长习惯于逗弄宝宝："小鸡鸡呢？跑丢了吧？"这样，宝宝就去摸。家长千万不要这么逗宝宝，别人逗了，应立刻制止。

2. 不要强制

当妈妈生硬地把宝宝的手从那里移开的时候，宝宝马上又会挪回去。因为宝宝的好奇心很强，他要满足自己的探索欲望。

3. 不能太关注

每时每刻都盯着这件事，反倒强化了宝宝的这种行为，促成宝宝养成这种坏习惯。妈妈可以给宝宝准备一两件小玩具，当宝宝吃奶的时候、玩耍的时候，让宝宝攥住，手被占住了，宝宝也就无法抚摸了。

4. 别给宝宝机会

宝宝抚摸生殖器，有的时候是在洗澡后，有的时候是在睡前，有的时候是在睡醒后。如果妈妈在这些时间段给宝宝安排了别的事情，或者和宝宝一起玩游戏，宝宝就没有兴趣"玩"自己的小鸡鸡了。

即使没有什么事情可安排，给宝宝穿上内裤或者尿不湿，别光着身体，宝宝就不会摸！